水俣へ

受け継いで語る

水俣へ

受け継いで語る

水俣フォーラム編

岩波書店

本書は、水俣病記念講演会をはじめ水俣フォーラムの催しにおいてなされた六〇〇を超える講演の中から選択した一〇講演をもとに、巻頭の詞章と解説を付して構成したものである。

花を奉る

石牟礼道子

春風萠すといえども　われら人類の劫塵いまや累なりて
三界いわん方なく昏し
まなこを沈めてわずかに日々を忍ぶに　なにに誘わるるにや
虚空はるかに一連の花
まさに咲かんとするを聴く
ひとひらの花弁　彼方に身じろぐを　まぼろしの如くに視れば
常世なる仄明りを　花その懐に抱けり
常世の仄明りとは　あかつきの蓮沼にゆるる蕾のごとくして
世々の悲願をあらわせり
かの一輪を拝受して　寄る辺なき今日の魂に奉らんとす
花や何　ひとそれぞれの涙のしずくに洗われて咲きいずるなり
花やまた何
亡き人を偲ぶよすがを探さんとするに　声に出せぬ胸底の想いあり

そをとりて花となし　み灯(あか)りにせんとや願う
灯(とも)らんとして消ゆる言(こと)の葉(は)といえども
いずれ冥途(めいど)の風の中にて
おのおのひとりゆくときの花あかりなるを
この世を有縁(うえん)といい無縁ともいう　その境界にありて
ただ夢のごとくなるも花
かえりみれば　まなうらにあるものたちの御形(おんかたち)
かりそめの姿なれどもおろそかならず
ゆえにわれらこの空しきを礼拝(らいはい)す　然(しか)して空しとは云わず
現世(げんぜ)はいよいよ地獄とやいわん　虚無とやいわん
ただ滅亡の世せまるを待つのみか
ここにおいて　われらなお
地上にひらく　一輪の花の力を念じて合掌す

萠す　起ころうとする気配がある
劫塵　この世を埋めるほどのちり
累なる　累々と重なる
三界　命あるものが生きる全世界
昏し　日が暮れたように暗い
常世なる　永久に変わらない
世々　過去・現在・未来の代々
よすが　ゆかり、頼り、寄る辺

水俣へ
——受け継いで語る◉目次

装丁　市川敏明・市川美野里
カバー・扉図版（木彫）　中澤安奈

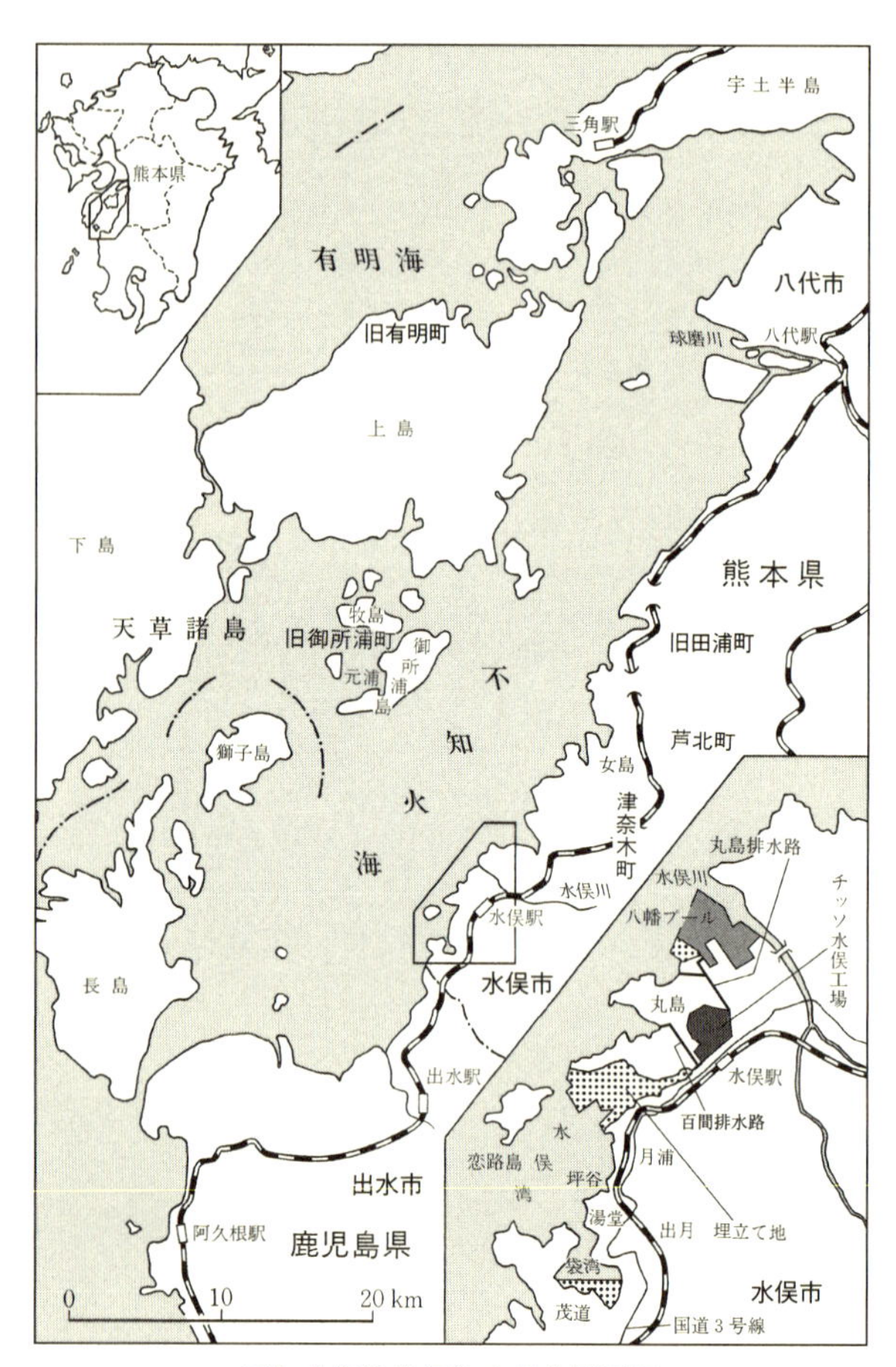

不知火海沿岸図と水俣市概要図

日高六郎

水俣——南北問題と環境問題の交わるところ

私ちょっと膝を痛めておりますので、腰かけてお話しさせていただきます。私はこの秋(一九九六年)開催される予定の水俣・東京展のお手伝いを少しさせていただいております。まあそういうことで皆さんに何かお話しするように依頼されたのですけれども、今朝(四月二九日)の新聞などで「水俣病決着か」「政治決着」というような見出しを見ますと、非常に感慨無量のところがあります。しかし、本当の決着には至っておりません。

「水俣・東京展」とここに書かれております。水俣の次にナカグロ(・)がございます。水俣・東京展とはいったい何なのか。簡単に言いますと「水俣病事件について東京で開催される展覧会」という意味であろうと思います。しかし私は、このナカグロをじっと見ていますとまったく別のことを考えたくなります。展示されるのは水俣だけであろうか。東京が同時に展示されるのではなかろうかと。

水俣の患者さんたちの苦難の四〇年。こうまでも長引き、こうまでも被害が拡大されたその責任はいったいどこにあったか。言うまでもなく東京にありました。東京には、行政、立法、司法の大きな力が集中しております。もちろん財界の中心地でもあります。官僚あるいは学者と称する人たち、あるいはマスコミ、あるいは無責任なことを言う評論家たち、そういう大きな力がチッソの後ろ盾にありました。それがあったために、水俣の長い長い四〇年の苦難があった。

展示物はもちろん水俣病関係が中心になりましょう。しかし展示されているのは、あるいは展示されていない部分で水俣病事件の中心となっているものは、まさにナカグロの後の「東京」だったのではないか。この水俣と東京の間の緊張関係、対抗関係、あるいは癒着関係、それらのものがこの展覧会で展示されるのではなかろうか、そういう気がするわけです。

土本典昭さんが水俣をずっと遍歴されまして、五〇〇人余りの遺影を収集されてこの展覧会で初めて公開される。亡くなった方々の遺影ですから、その色彩は黒い色、悲しみの黒です。しかしその黒い色の後ろに、まがまがしい黒い色が密着して存在しているのではないか。そういう意味の水俣・東京展ではなかろうか、と思うのです。

一九五六年五月一日に水俣の漁村で原因不明の病人の発生が報告された。それで明後日の五月一日で発生から四〇年になります。私は四〇年という年にこだわりはありません。時間はずっと同じように流れている。二〇世紀とか二一世紀とかいっても、そこに何か大きなけじめが現れるはずはない。しかし、とにかく四〇年という時間が流れたわけです。私が水俣の問題に直接関係を持ちましたのは、熊本県議会で県会議員のいわゆるニセ患者発言問題があって、それに憤った患者が暴行を加えたとして捕らえられたときです。そのようなことが起こったので、東京の研究者などで調査団を作って来ていただけないか、というお電話が石牟礼道子さんからありまして、すぐに参りました。しかしこの水俣病の問題を初めて知りましたのは実は非常に早いんです。(四〇年前の)五月一日の何日後か何十日後に私は知ったんです。

私が東京大学の助手をしていました戦争中に文学部社会学科に入っていた一人の学生がいました。水俣出身で谷川雁(たにがわがん)といいます。名前をご存知の方もあろうかと思います。私は戦後の「すごい男」というと谷川雁を真っ先に思い出しますが、その彼から手紙が来たんです、一九五六年に。その中に何が書いてあったかというと、水俣で原因不明の病人が続出した、そういう事件が起こった。(その年の)ある日、谷川眼科医院、つまり谷川雁のお父さんが、チッソの病院(水俣工場付属病院)の病院長である細川一(ほそかわはじめ)さんと碁を打っていた。そこへ連絡が入ったんです。すぐに細川さんは谷川家を出て行かれた。たまたま家に帰っていた谷川雁はそのあと細川先生にあてて一冊の本を送ったというんです。そういうことが手紙に書いてあった。何を送ったかというとイプセンの『民衆の敵』という戯曲を送ったと。いや、本当にすごいと思いました。その瞬間にイプセンの『民衆の敵』を細川先生に進呈する。イプセンは一八七〇年代に『人形の家』を書いて、その後すぐに『民衆の敵』を書くんです。

どういう筋かといいますと、ノルウェーのある小さな町で突如として温泉が噴き出るんです。町の人たちは大喜びで「これでこの町は繁栄する、繁盛する」と。旅館も造ろう。療養所も造ろう。ホテルも造ろう。いろいろ食堂も造ろう。それでこの町は繁盛する。ところが温泉客に病人が続出している。そこで町に住む医者が温泉地の水を大学に送って検査してもらうと、水に無数のばい菌が入っていて身体に有害であるとわかった。医師はこの町の集会に出て、温泉は使えない、使うなら移設しなければならないと言う。しかし町の人は絶対に許せない、というわけです。それでついにその医者の家族を排撃して、町から追放しようとする。そういう劇です。

谷川雁はですよ、原因がどこにあるかもうだいたい睨んでいる。細川先生、覚悟を決めてください、そういうメッセージですね。細川先生は病院の中でいろんな実験をされた。猫の実験もされた。しかしながらチッソはそれを発表することを許さなかったわけですね。そして細川先生は水俣を離れた後、ガンになられて亡くなるんですけども、その直前に患者さんのために、ある種の遺言のような形で(有名な猫四〇〇号実験を含む)その当時の実情、実態を裁判所で証言なさる。最後に細川さんは民衆の敵になるわけです。(水俣市民という)カッコ付きの「民衆」、カッコ付きの「敵」ですよ。しかし「民衆の敵」になる。

私が石牟礼道子さんのお宅に泊めていただいたとき、これはもう『苦海浄土』(講談社、一九六九年)が発行された後だと思うんですけれども、石牟礼さんがしみじみこういうことを言われた。私はどこか出ていって水俣に帰るときは、夜おそーい汽車で帰ってくる。水俣の人たち、水俣の市民は『苦海浄土』を書いた自分に対して疎ましい気持ちで見ている。水俣の悪口を言ってる、悪口を書いてると。自分は昼間帰っていろんな人たちに顔を合わせるのはつらいから、夜一番最後の汽車で帰ると。その頃、すでに東京では、『苦海浄土』が本当に評判になりまして若者たちも一生懸命読んでいたわけです。

つまり、いわゆる「力」を持っているような人々の東京と、それから『苦海浄土』を一生懸命読んで水俣に出かけていくような若者たちと、両方あるわけです。水俣と東京の対抗関係と、何と言いますか、協力の関係と両方があるわけです。しかしなぜ石牟礼さんが夜遅く汽車でお帰りになるのか。石牟礼さんもその時点ではカッコ付きの「民衆」のカッコ付きの「敵」なんです。そういう構造が日本にあるわけです。だから水俣の中に日本があるんです。

谷川雁は雑誌『サークル村』というのを、水俣病の患者が出た後すぐの一九五八年に出します。その中に「村の中に日本がある」って書いている。サークル村の中に日本がある。
日本の中に村がある、これは誰でも考えます。しかしそうではなく、村の中に日本があるんです。村の中をじーっと掘り下げていけば、そこに日本の縮図が現れてくる。こういうことだと思います。

「事柄はすべて個別的、具体的に語るのが良い。一般的、抽象的に語ってはならない」ということを言ったサルトルという人がいます。しかし本当に事柄を個別的、具体的に語ることができるのは原田正純(はらだまさずみ)先生であり、石牟礼さんです。私にはそういう力はないのです。そこで大変一般的なお話になって申し訳ないんですけれども、水俣の問題というのは、これは言うまでもないことですが、人間が自然を破壊していけば人間が破壊されるということです。自然が破壊されていけば人間はどうなるのかという問題ですよね。それは環境問題と言ってもいいでしょう。日本にはいま、たくさんの問題があります。ありますけれども、いま大きな問題が二つあると思うんです。一つは南北問題です。世界が抱えていると言ったほうがいいかもわからない。もう一つは環境問題です。南北問題というのは、地球というより世界史の中の問題です。世界の問題。環境問題というのは地球の問題です。世界の問題と地球の問題。二一世紀が絶対に解決しなければならない問題として、この二つがあるんです。

しかし考えてみますと、相互に交錯し合っているところがある。南北問題というのは、ある意味では東京と水俣の関係でもあるわけです。ですから南北問題をただ世界の問題として考えるのではなくて、これも東京と水俣の問題だというふうに考えることもできる。東西問題がなくなったから南北問題が浮上したということではない。世界史的に言えば、一五世紀、一六世紀頃から南北問題が始まっているわけです。それからソヴィエトができて核兵器ということがあって二大超大国ができて、そこで東西問題が出てきたわけで、東西問題の方がはるかに歴史的には新しい。南北問題が世界史の骨格なんです。その南北問題が解決されていない、ということが一つある。もう一つは、これは最近に始まったことで、人間が自然を破壊する能力を持ちだしてきているということです。

これに対して、私たちは一体どういうふうに考えたらいいのか。水俣病問題というのは、高度経済成長が始まる準備期に起こったんです。いまや(一九九六年)高度経済成長の末期にわれわれは生きているわけです。そうしますとね、その高度経済成長というものをどういうふうに理解していくのか。ガバン・マコーマックというオーストラリア国立大学の教授で、いま立命館大学の客員教授で来ている人が、最近一冊の厚い本を書かれた。それは、『日本の繁栄の空しさ』(松居弘道・松村博訳『空虚な楽園――戦後日本の再検討』みすず書房、一九九八年)という題の本です。それを読みましたら、最後のところで私、非常に惹かれる文章に出会ったんです。マコーマックさんは長崎に行っていた。そのときに岐阜の商業高等学校の女子学生たちもいて、その女子学生が彼のところに来て一枚のカードを渡した。そこになんて書かれていたかといいますと、英語で「すべての人々は幸福になりたい。だから、私は戦争を拒否する。私は平和を愛する。私たちの力で戦争をやめさせよう。日本は平和を愛する国である。どこか世界の中で小さな戦争が起こっているらしいけれども私はよくわからない。しかしとにかく戦争はやめさせなければいけない。そして世界を平和にしたい」と。そういうカードだった。女子学生たちには二つ目的があったと思うんです。一つは英語の会話をしたい。もう一つはそのカードを渡したい。マコーマックさんは日本語のベテランですけれども、日本語を使うことは失礼だと思ってしばし考えた。そのときにマコーマックさんが考えた言葉、それはこういう言葉なんです。「世界の平和のために、どうやれば日本あるいはその他富める国々のあの際限のない消費欲望、これを封じ込めることができるだろうか」。そういう文章を書いてカードを返そうと思った。しかしそのことが果たしてどういうふうに理解されるか心配だったので、非常に平凡に「私も平和を愛する」と書いて返したというんです。
つまり経済成長準備期には水俣の漁民の方々は、際限のない消費欲望に駆られて物を買い集めたりなんかしていなかった。いまや際限のない欲望に駆られているのはわれわれなんです。政府にもよろしくないことをした人たちがたくさんいる。すべて東京にですね、そういう機関がたくさんある。しかしながら、いまや自然破壊の責任はわれわれ民衆にもかかっているわけです。われわれ民衆が本当に際限のない消費欲望から解放されることができるかどうか。際限のない消費欲望、これこそがやっぱり自然破壊の原因になっているわけです。そしてそれは南北問題にも繋がっている。そういうことがいまや民衆の、カッコ付きでない民衆の肩にかかっているわけです。水俣・東京展で私たちは、自分たちの生活をどういうふうにしていったらいいのかということを、ぜひ引き出したいと思うんです。

正直に言って私はダメ人間なんです。本当にダメな人間で、この会場にも二〇パーセントくらいはダメ人間がいらっしゃるんじゃないかと思いますが(笑)、一時の衝動でつまらないものを色々買ったりしています。クーラーもつけますしね。しかしやっぱりダメ人間が力を合わせて何とかしないといけない時代に入ってきているのではないか。私はダメ人間ですから、水俣に対しても、原田先生や、石牟礼さんの一〇〇〇分の一のこともやっていません。しかしダメ人間はダメ人間としてやはり考えなくてはならないということに気が付きたいものだと思います。

もう一つ言いたいことがあるんです。いまパリで小さな水俣展が開催されているんです。「エスパス・ジャポン(Espace Japon)」というスペースで、芥川仁さんと桑原史成さんの写真展をやっている。ここのご主人はフランス人、奥さんは日本人です。パリはいま朝ですよ、これからフランス人が一〇人、二〇人、三〇人とエスパス・ジャポンに行くでしょう。それが一か月続くんです。主催者は『オヴニー(Ovni)』という新聞を出している人たちです。いい新聞です。その真ん中にフランス語で"Minamata"と展示会のことが出ています。つまり、ほんとうに、日本国憲法を海外に伝えたいと同時に水俣問題をヨーロッパの人びとに伝えたいんです。それで人びとが繋がっていくわけですね。

もう一つあるんです、牛のこと。イギリスで牛が狂ったでしょう。それでみんな牛を食べなくなっているんです。なぜそういう病気が起こったか。まだ推定の段階ですけれども、イギリスでは牛にですよ、羊とか牛とかそういうものを粉にして食べさせていた。太らせるためなんです。牛の食べ物は何か。草か穀物か、それとも肉食か。牛は草なんです。なのに動物を与えた。それでおかしくなったようですね（注――イギリスで最初に報告されたＢＳＥ問題の原因は、結局牛に飼料として与えられていた肉骨粉と考えられている）。トウモロコシなんかの穀物を与えるのもおかしいんです。二一世紀には何千万の人びとが飢え死にするような事態が、おそらく世界のどこかで起こります。そのときに穀物は飢えた人びとに提供すべきでしょう。もともと野生の牛は穀物を食べていない。草です。でも穀物まではよかった。しかし肉食をさせたときに牛は狂ってしまったんですね。エスパス・ジャポンの最初のページに、前に共同通信で働いていた、奥さんのキミエ・ベロー（小沢君江）さんが「気の狂った牛たち」というエッセーを書いている。その一番最後になんて書いてあるかといいますと、「工業生産に対する自然の反撃」。牛を工業生産的にしている、そのことによって自然が反撃してきた。

そのエスパス・ジャポンで小さな水俣展がもうすぐ開かれる。そのような形で、やはりこの水俣展から全世界へ、本当にメッセージを送るような、そういうことができると嬉しいなあと思います。

どうもありがとうございました。

鶴見俊輔

近代日本——水俣病への道

私は、去年(二〇〇〇年)亡くなった科学者の武谷三男さんからたいへん多くのことを教わりました。戦争が終わったとき、私は二三歳でしたが、その前の年、まだ戦争中に偶然、武谷さんの論文を読んだのです。その頃の日本の国体は「金甌無欠」、つまり日本は完全なものだから負けることはない、という社会でした。そういう政府や陸軍が言ったことに対して、大新聞をはじめ東大の教授たちの中にも異論を唱える者はいませんでした。

そんななかで、武谷さんの論文はティコ・ブラーエについての論文でした。プラトンを受け継いだキリスト教神学では、天は神聖なもので天体の運動は神聖なのです。神聖な運動というのは完全な円です。ところがティコ・ブラーエは、別にそれを否定するためではなくて、もっぱら天体の運行を計算していた。そうしたら完全な円じゃない、計算が、実測がそうなっているから楕円だという結論を出した。武谷さんの論文はそれをたどったものなのです。

私は読んでとても驚きました。つまり、完全な国体は戦争に勝つ、だから必勝の信念というのは完全な国体という認識から現れてくるという、こんなことが学者・教授を含めて日本全体で通っているときに、この論文が出ている。私は、ここに一人、時代に押し負けない私人がいると思った。

武谷さんが亡くなる半年ほど前に、私はラビアンローズという老人施設に会いに行きました。武谷さんは背骨のガンで車椅子でしたが、そのときに私は「戦争中は暗闇だったから灯火がよく見えました。戦後は明るくなったから、よく見えなくなりました。今も創意を持って研究している人はいるはずなのだけども、見えにくくなりました」と言ったんです。そうしたら武谷さんは間髪入れずに「そりゃあ、暗闇の定義を変えればいいんだよ」って言ったんです。つまり、水俣病と取り組まないでなんとなく見送っている科学者がたくさんいましたが、新しい方向を見据えた科学者が、武谷さんには見えていたんですね。宇井純(ういじゅん)さんは、東大の中の人が、いかに(水俣病を)見逃していたか指摘されましたが、現地の熊本で、はっきりした態度を示した科学者、研究者では、原田正純さんたちがいました。その本を読むと、彼ら(水俣病研究会)が手がかりにし、支えとしたのは、武谷三男の『安全性の考え方』(岩波新書、一九六七年)という本です。原田さんたちは武谷さんと会ったことはないそうですが、手紙で激励してくれた、と書いていています。それが武谷さんの言う、暗闇の定義を変えればいいんだよ、そしたら見えるよ、ということの意味なのです。

最初に武谷さんの論文を読んだときは、面識はなかったのですが、それから半年ほどして、一緒に雑誌（後の『思想の科学』）を作ることになりました。武谷さんはその雑誌の名前を『科学評論』にしようと言ったのですが、私は賛成しなかったのです。どこにでもありそうな名前で、雑誌を売り込むのには不適当だと思った。だけどもそのときから五五年たった今、振り返ってみると『科学評論』というのは、実に味のある名前なのです。ことに武谷さんが戦争中からずーっとやってきた活動を通してみると、そこには、専門の科学者だけに科学技術の方向を任せてはいけないという考え方が含まれているわけです。科学技術の方向は、資格のある専門家が進めていくのを批判する、脇を押さえるような評論の場があるべきだが、そういう場が日本にない、それをやる場所にしようという考えだったのです。つまり、普通の人間が科学技術の専門家に対して、はっきりとした批評ができる場です。

例えば、原爆なんてなぜ作るのか、人間のために何の役に立つのかという疑問があります。もちろん、原子力は役に立つともいえるでしょうが、しかし、現にチェルノブイリの原発事故は、非常に遠く離れた北ヨーロッパのラップランドの人間の生活の拠り所になっているトナカイを死の灰で二万頭も殺しているんです。これが民族解放を目指す国（ソヴィエト）のすることといえるでしょうか。

原爆はナチスに対抗するためにアインシュタインが提案し、アメリカが急いで開発したが、ナチスは崩壊した。それなのにどうして使う必要があるのか。なぜ二つ落としたのか。それは二つ持っていたからです。二つ持っていたから二つ落とす。そんなことを優れた専門科学者がするわけがないと思うでしょう。ところが、実際二つ持っていたから二つ落とした。もう一つの有力な理由は、それだけ(原爆開発に)金を使ったから。実際に何も効果を見せなければ議会が通すわけがないからです。ソヴィエトに対抗するというのもあります。そういうとても人間的な動機から掘り起こして、科学技術の動向を批判する場が必要だと武谷さんは考えたのでしょう。しかし、そのときの私には、武谷さんの提案をそれほどのものとして評価する思想の高さがなかったのです。

武谷さんは、やがて、「人権」と「特権」という区別を出していかれます。これは武谷さんの仕事の中では、あまり評価されていないと思うのですが、その考え方はこうです。武谷さんもたいへんな東大嫌いでして、私はその偏見だけは受け継いでいます。東大教授になろう、助手から助教授になって教授になろうと考えるのは、特権による科学の考え方だというのです。武谷さんによれば、人として生まれた以上、学問をしよう、科学を勉強しようと思うのは人権なのです。だが、助手から助教授になって教授になろうというのは、これはもう特権なのです。宇井さんは助手で終わっています。偉大な人です。

　特権として科学を考えるのと、人権として考えるのと、この違いがソヴィエト・ロシアにとっても、アメリカにとっても、たいへんな問題です。水俣病の問題も、そこにはっきり入ってきます。特権としての科学者は、チッソという大会社や大学の中で地位を占めている人です。一方、人権としての科学を必要とするのは、チッソの公害の被害を受けている人で、その知識を手に入れたいわけですが、特権を持っている人はその道を閉ざしている。

　一九六九年に起こした水俣病裁判は、武谷さんの『安全性の考え方』に強く励まされたものなのです。岩波新書の『証言　水俣病』(二〇〇〇年)には、専門の科学技術者でない人の、公害被害にあって自分の内部にその影響を受けた証言が出ています。武谷さんの持っていた論理の射程は、そこまで含むものです。この本の中に出てくる緒方正人(おがたまさと)さんは、オンボロのうたせ舟を水俣から出して、東京まで乗っていくんですね。患者の木下レイ子さんの証言によると、あのボロ舟でよくぞ東京まで行かれた、と(患者さんたちが)おっしゃっていたといいますが、水俣病の被害を受けた家族一同、何十人の人たちの魂が運んでいったという。「魂」という言葉は、ここで新しい使われ方をしたのだと思います。

日本で義務教育制が出発するのは、明治五年、一八七二年です。そのときに明治国家は、東大を頂点とする学校制度を作るわけです。小学校に入ったときからヨーロッパ渡りの学術語を正道として認めて、学齢に達するまでの六年間それぞれの子どもが使ってきた生活語を閉ざしてしまった。だいたい一歳から子どもは言語の構造を全部わかっているのですが、しゃべれないのは筋肉の連絡や発声がうまくいかないためなのです。一歳を超えるといろんなことを言います。それによって子どもは生きていますが、これが生活語です。六歳まで子どもは家庭の言葉として生活語を持っている。つまり母親に通じる言葉、地域の子どもたちに通じる言葉。生活語とは家庭語、地域語です。それが、小学校に入ったとたんに締め出される。いったん締め出された生活語も、その子どもが小学校で終わる場合にはまた生活の中に戻るのですが、成績が良くて中学校、高等学校、大学と行くと、一六年間生活語から離れて生きるわけです。

学術語が与えられて生活語をいっぺん捨てると学習にはすごく能率がよい。ブロックを積むように早くできるのです。自分が考えた問題ではなくて問題は先生が出す。その答えはというと、ハイ、ハイ、ハイ、ハイ、と手を挙げる。一番早く手を挙げた人が首席で級長なんかになる。それは学者犬と同じで、先生の内部にある答えが、眼差しやなんかでわかるからなんです。犬は計算できますよ、学者犬は。三三に三三を足すといくつか、六六っていうのを眼差しで見ているから、ちゃんと正しい答えを持ってくる。先生は次々代わって、中学校でまた別の先生になる。それでも、それぞれの先生が内部に持っている正しい答えとパッと同化できるからうまくいく。高等学校、大学もそれでできそうな教授が多いですね。学生のほうも大学入学までその習慣がついているからもう直らない。このような教育制度は生活語を外に出している。

　日本の教育制度の輸入元であるヨーロッパだって同じだと思うかもしれません。しかしヨーロッパ語の場合、事情が異なります。例えばディメンションという言葉は、日本語で「次元」ということになっていますが、それは幕末に西周（にしあまね）という秀才がいて、オランダに留学してヨーロッパの学術語を漢訳、仏典に合わせてパーっと対応する日本語、熟語を作ってしまったからです。よく飲み屋さんなんかでも、あんたずいぶん次元の低いことを言うねというように使うでしょう。それほど流布しているのですけども、次元というのは次と元、始まりですから、何だかよくわからないじゃないですか。しかし、ヨーロッパ語の場合、もとの言葉の痕跡が残っています。ディメンションのもとはディメイン、測るという言葉です。例えば、ここにコップがありますが、私の指で測れば長さはほとんど人差し指一本。体積は握り拳二つ。これ、別の測り方です。したがって次元が違うでしょう。そのように、新しい測り方があれば新しい次元ができる、というように肉体行動そのものと結びついて、それが二千数百年続いてきて、そこからゆっくり抽象語として出てきたから、まだその尻尾が残っている。ですから想像できる。

杉本栄子さんがお父さんから聞いたこと、それは水を大切に、人様を大切に、のさり（天からの賜り物）と思え。そうするとそのように人生を受け入れるわけです。人生を一つの自然の贈り物として。それを通して人生を展開されてきたのでしょう。あれは生活語なのです。ですから杉本さんの話は全部が生活語で、それを抽象語に置き換えることはできますが、置き換えることでいったい何が起こるのでしょうか。学校での成績は良くなります。入学試験にも通るでしょう。しかし、自分の暮らしの中で困難があったときにも言葉の働きとして、それに対することができるかどうか、疑わしい。ここにとても重大な問題がある。にもかかわらず、明治以後の教授、学者などの特権階級の人たちは、そこに問題があることに気が付いていないのです。

大東亜共栄圏という言葉がありますが、これは抽象語です。知識として、どこかの学校で教わったかもしれません。しかし今の教科書は、改悪の結果、そういうことをあまり思い出させないようになっています。しかし、大東亜共栄圏に対立する考え方が新たに起こっているのです。それは、一週間ほど前に韓国の詩人、金芝河(キムジハ)さんが訪ねて来たときに教えてくれたのです。今から三〇年ほど前に、朴正熙(パクチョンヒ)政権から死刑を宣告されて、たいへん困難なかを屈しないで生き残った人です。彼は「今回の日本の教科書に対する批判の運動は、韓国で激しく起こっていて、なかなかやみそうもない。続くだろう」と言っていました。だが同時に、韓国のほか、フィリピンでもシンガポールでも中国でも、その日本の教科書は歴史を偽造している。そこには大東亜共栄圏構想の被害者がいるわけです。水俣と同じように被害が残っていて被害者からいろいろ聞いているわけです。この教科書批判の様々な運動の連帯がこれから生まれようとしている。自分はまだその運動にははっきり名前が付いているとは思えないけれども、人々はこれを「アジア・ルネッサンス」と呼んでいると言っていました。

　大東亜共栄圏の概念は、日本国がアジアを引っ張っていくことを前提としています。こういう考え方はいつから日本に生じたのか、実証的に捉えていくと、わりあいと、一九三〇年代と各歴史家は言うのですが、私は日露戦争が終わった一九〇五年からだと思います。日本に学校制度などなかったこの頃の政府の指導者は、いずれも生活語を持っていた人たちです。この戦争にとにかく負けなかったのは事実で、驚くべき政治行動だったといえます。ナポレオンもヒットラーも負けたロシアに、児玉源太郎は負けなかったのです。何人かで協議して、仕方がない、戦争をやると決めたときに――それに参画したのは、伊藤博文、小村寿太郎、総理大臣の桂太郎です――日本は金がなかったのです。そこで金集めに一生懸命歩いた人は高橋是清です。この人は子どものときに仙台藩の留学生としてアメリカに渡っていて、英語がわからないから奴隷に売られちゃったんです。何とかして奴隷の身分から自分を解放した経験のある人です。この人が金集めを一生懸命やったのです。初め、国債を引き受けてくれる金持ちがいなかったのですが、そのうちにユダヤ人の(ジェイコブ・ヘンリー・)シフという人が国債を買って、仲間に勧めてくれたのです。

中国への満州軍総司令官の大山巌（おおやまいわお）は、戦争が終わって後々までも、シフさんの恩は忘れまいと自分の家族に言っていたそうです。家伝として今日までゆかりの人たちの中に残っている。だが、同じ陸軍でも、そのあとの私の子どもの頃は四王天延孝（しおうてんのぶたか）という陸軍中将がいて、世界へのユダヤ人の陰謀説をいろんな所で演説して歩いて、もう吊り広告にいっぱい出ていました。それはナチス・ドイツの説を鵜呑みにしてやっていた。日露戦争以来の確たる戦果なんていったって、ユダヤ人のシフのお陰を忘れて、歴史の偽造をやっていたのです。大山の考え方は、家系の中では残っても、陸軍の中では残らなかった。

大山なんてでっぷり太っただけみたいな――太った人は頭悪いって、あれ迷信です。あの人は西郷隆盛の従兄弟なんですが、西郷と反対の立場になって殺さなければならない側になったし、もう絶望して鬱状態。嫌になって、休職を願い出てスイスへ行ったのです。そのときはもう陸軍少将でした。その当時、陸軍大将というのは西郷一人でしたから、少将でもたいへんな高官です。スイスに行ったら、そこの政府から連絡があって、「あなたが雇い入れたフランス語の家庭教師はロシア政府のお尋ね者である。あなたが日本政府の高官なので、迷惑を掛けたらいけないから注意しておく」と。そうしたら大山は即座に答えたのです。「自分も数年前までお尋ね者だった。偶然自分たちの党派が権力の座を得たので政府の高官となったが、彼の党派が天下を取らないと誰が言えるか」と。そして家庭教師を辞めさせないで、気に入ったといって日本まで連れてきて後の(東京)外語大の先生にした。

その人の名前は(レフ・)メチニコフで、ノーベル賞を取った(イリヤ・)メチニコフはその弟です。長寿の研究をやって、ヨーグルトなんていうのは弟のメチニコフによって流行ったのです。兄のメチニコフが、日本について書いた『回想の明治維新――ロシア人革命家の手記』(一九八七年)という本が岩波文庫にあります。そういう人たちの時代があったのです。皆、状況と気配から考えることができた。

児玉源太郎は、陸軍大学なんて行っていないですよ。（ドイツの軍人）モルトケの戦法を手に入れたのは、メッケルという少佐が日本に来たときに、通訳付きでメッケルから聞いたことが大部分なのです。だけど、完全に把握した驚くべき人物です。

こういう人たちは生活語から離れることなく、学術語を操ることもできたのですが、その終わりが日露戦争なのです。あのときに、たいへんな犠牲を日本人に強いたから、勝った勝ったってことになって、初めて国民がこの東京日比谷に姿を現すのです。固まりとして現れて、交番を焼き討ちするのです。彼らの合言葉は、ポーツマス条約での賠償金の取り方が少なすぎる、もっと金を取れ、戦争をもっと続けろというものでした。戦争をもっと続ければ負けていました。ここまでと思ったときに知らせてくれと児玉源太郎、大山巌が言っていたのを、小村寿太郎が実現したのです。その後はもう児玉源太郎は力尽きて死んでしまいますし、伊藤博文も安重根（アンジュングン）に殺されて、時代が変わっていく。そして、陸軍大学で成績の良かった人が中心になる時代が来るのです。全部、学習。小学校入学のときに生活語から切り離された人たち。例えば「〝水を大切に〟なんていう昔みたいな言い方ではダメだ。〝水源を確保しろ〟と言え」と。これはどんなもんでしょう。そしてついに、専門の資格のある科学技術者が中心になって、政府の、大学の、大会社のお雇いになって、水俣病が起こる。そこまで行くわけです。

私自身も、戦中はともかく戦後はかなり道を見失ったと思っていますが、武谷さんは道を見失っていなかった。武谷さんの地図には書き込まれているのです。水俣病という一つの小さな穴から日本全体が見える。宇井さんが言いましたね、初め公害の分析をしていたときは、自分が闘っている相手がこれだけ大きなものだとは知らなかったが、水俣病闘争で闘った相手は、つまり日本全体だったと。そのとおりです。これが、一九六〇年代に起こったもので、もはや片付いて最終処理できたと思う人間は、戦後の日本の構造についてどう考えているのでしょう。日本の未来についてどう考えているのでしょう。

私は、この水俣病という一つの投じられた石の、その波紋が忘れられないことを望みます。

池澤夏樹

水俣病と幸福の定義

最初に、品のない冗談を一つ、お許しください。最高裁が先日(二〇一三年四月一六日)、水俣病の認定条件の緩和を判決で言ってくれて、とてもよかった。よい知らせであった。と思ったらそのすぐ後で、環境省が七七年の基準(複数症状の組み合わせを認定基準とした判断条件)を見直さないと言った。とても悪いニュースです。ある若い夫婦がおりまして、夫が仕事を終えて会社から帰ってくると、奥さんが、「ねえ、今日はいい知らせと悪い知らせがあるの」って言うんです。いい方から言うわねって。夫は何かなと思って聞いていると、「私たち、赤ちゃんができたの」。夫はとても喜ぶわけです。「よかった、よかった。で、悪い知らせは」って言うと、「あなたの子じゃないの」って(笑)。そのくらいの情けなさ、脱力ですよね。それは、こんな話をするぼくが品がないのではなくて、たぶん環境省のすることに品がないんだと思うので。

ぼくは水俣に行ったことは一、二度しかありませんし、エコパーク水俣(水俣湾の水銀ヘドロの埋立て地)にしても、あのだだっ広い、寒々としたところに立って感慨を持ったくらいで、そうそう深い関わりがあるわけではない。ただ水俣病ということが、人間についてずいぶんいろんなことを教えてくれたと思っています。それはもっぱら石牟礼道子さんがお書きになった『苦海浄土』という本を読んでのことです。ですから結局のところ今日これからぼくが申しあげるのは『苦海浄土』に啓発されたこと、『苦海浄土』に教えてもらってぼくが考えたことになると思います。講演のタイトルは「水俣病と幸福の定義」ですけど、最初うっかり別のタイトルを提案して、すぐ撤回したんです。そのタイトルは「水俣が幸福であった頃」というもので、それは失礼であるというか、今だって水俣に幸福な方はいらっしゃるし、幸福なところであろうし、水俣病だけが不幸の理由ではない。ちょっと勘違いであったと思います。

『苦海浄土』というのはもちろん水俣病の惨憺たる患者さんたちの姿、その言葉、ふるまい、考え、それからそれを引き起こしたチッソ、平然とそれを放置した国や県、それから患者さんたちと一緒に闘おうとして手を貸した、加勢した人たちのことをもっぱら書いています。しかし、その合間合間に、かつてあそこがいかに幸福なところであったか、そちらの方もたくさん書いてある。この二つが並んでいるから、強烈に訴えるんですね。ぼくはその糾弾する部分にももちろん感銘を受けるけれども、いかに幸福なところであったかを伝える石牟礼さんの文章に本当に感動しました。それは、言ってみれば一種「人間の定義」なんです。

人は幸福になりうる。それは可能なことであるという。で、それが失われる。

ちょっとだけ朗読します。僕は北海道生まれの人間で、九州の言葉、特に水俣の言葉はほとんど聞いたことがありません。沖縄なら詳しいんです。沖縄には一〇年いましたから。でも沖縄は遥か向こうです。ですから、これから読む部分、アクセントがおかしかったらどうかお許しください。それから二つだけ方言の説明をしておくと、「もぞかしい」っていう言葉は「かわいい」です。それから「いお」は「魚」です。この二つ以外はたぶんわかると思います。ある漁師さんが昔話をしている場面。イカやタコを獲るわけです。


　イカ奴（め）は素っ気のうて、揚げるとすぐにぷうぷう墨をふきかけよるばってん、あのタコは、タコ奴はほんにもぞかとばい。

　壺ば揚ぐるでしょうが。足ばちゃんと壺の底に踏んばって上目使うて、いつまでも出てこん。こら、おまや舟にあがったら出ておるもんじゃ、早う出てけえ。出てこんかい、ちゅうてもなかなか出てこん。壺の底をかんかん叩いても駄々こねて。仕方なしに手網（たび）の柄で尻をかかえてやると、出たが最後、その逃げ足の早さ早さ。ようも八本足のもつれもせずに良う交して、つうつう走りよる。こっちも舟がひっくり返るくらいに追っかけて、やっと籠におさめてまた舟をやりよる。また籠を出てきよって籠の屋根にかしこまって坐っとる。こら、おまやもううち家(げ)の舟にあがってからはうち家の者じゃけん、ちゃあんと入っとれちゅうと、よそむくような目つきして、すねてあまえるとじゃけん。

わが食う魚(いお)にも海のものには煩悩のわく。あのころはほんによかった。

舟ももう、売ってしもうた。(「第三章 ゆき女きき書」『苦海浄土』)

こういう暮らしがあったわけです。その他にも様々な喜びが、楽しさが、それから周りの自然と共感するその感覚が、出てきます。

ではなぜ、人は不幸になるのか。幸福について考えるためには、不幸の方から考えなければいけない。不幸の理由は三つあると思うんです。最初に三つ並べてしまいますと、一つは自然に由来するもの。それからもう一つは人間対人間、人対人の付き合いの中から生まれてくるもの。三番目は会社、社会、国、そういうところから出てくるもの。自然は時として人を不幸にします。一番わかりやすい例がこの間の三陸の津波です。あんなにたくさんの人が亡くなって、あんなにたくさんの孤児や未亡人や男やもめができてしまった。しかし、はっきり言ってしまえばこれは仕方ないんです。もちろん防ぐ努力はできる。それから、起こってしまった不幸に手を差し伸べて、言ってみれば災害の負担をみんなで共有することはできる。しかし津波そのものは止められない。三陸で会った漁師さんから聞きました。みんな津波で洗われてしまったところにはもう建物は建てないようにしよう、高台に移転しようと言いながら、実際にはそれがなかなか難しい。三陸は山が海に迫っていて狭いですから場所がない。どうするかという議論を延々としています。町で働いている人たちはもともとその海辺に住んでいて家を流されて、「もう二度とごめんだ、絶対あんなところに住まない」って言うんです。ところが、漁師さんの中には「津波はしょうがない」って、さらっと言いのける人がいる。「たまには来るもんだ」って。つまりこの人にとって海というのは、津波を送ってくるだけの怖いものではなくて、普段から一番親しくして、船を出して魚を獲って、わかりあっている相手である。時々暴れるしょうがないやつだけれども、しかし海が好きで仕方がない。たぶん、そういう考え方をしている、「たまにはしょうがない」と言う。だから、他から見ればたいへん大胆な言い方ができてしまうんだと思うんです。自然は人間に対して何かしようと思わない。そこには好意もなければ害意もない。ただ無関心なだけです。そこに幸(さち)を見出すか、あるいは脅威を見つけるか、それは人間の側がすることでしょう。たとえばウサギにとって、キツネに捕まって食べられるのは不幸です。しかし、ウサギの方だってただ待っていて捕まるわけではなくてぴょんぴょん跳んで逃げるわけです。どんどん、どんどん走って逃げて、後ろからキツネが追っかけてくると走って走って、ぱっと自分の穴に飛び込んで、はあ助かった。振り返ってキツネのバカとか言ったりして。つまりそういう交渉を重ねたあげく、つまり幸福感もあったあげくの、最終的な、捕まって食べられちゃう瞬間ですよね。生態学に有名な話があって、草とウサギとキツネの関係についてなんですけど、草がたくさん生えると、ウサギが増える。キツネも増える。これはよいことか。よいことなんだけれども、ウサギが増えすぎて草を全部食べ尽くしてしまうとウサギはもう数がぐんと減ってしまって、キツネも困る。全部つながっている。そこでは自然はなんの計算もしないで、ことが成るように成っていくだけ。そういうことが人にしばしば不幸をもたらす。それは耐えるしかない。

それに対して「人対人」が不幸を生む場合はどうか。誰かにいじめられる。あるいは好かれ過ぎてつきまとわれる。石牟礼さんに『椿の海の記』（河出文庫、二〇一三年）という素晴らしいご本があります。四歳のときの自分に返ってその頃の暮らしと自然と人びとその他を書いた。回想記っていったって四歳ですからね、不思議な本なんですけれども。その中に、その頃の水俣ですからお女郎さんがいて、一六歳の、人気のあったぽんただったかな。そのお女郎さんを思いつめた中学生が刺し殺してしまうというとんでもない事件が出てきます。非常に不幸なことです。しかし、人間と人間の間で起こる不幸は、お互い顔を知っている。だからこそ起こるわけですね。いま社会のかたちがだいぶ変わってギスギスしてきているから、いろいろとんでもない事件がたくさん起こっていますけど、もともとは人と人の間の行き違いは、顔を知っているところから始まる。たぶんこれは昔、人が人になる前、類人猿として群れで暮らし始めた頃からなんじゃないかと思いますが。類人猿にもいろいろあって、ゴリラはだいたい単独で動きますね。あるいはごく小さな家族単位で。一方、チンパンジーは群れをつくる。群れをつくるとその中で力関係が出てきて、強い弱いが生じる。時にはその弱いところに他の力が集中されて排除される、そういうことが起こる。それは群れの中で起こることであって、つまりお互い知っているわけですね。それは僕は理解できるし、人間っていうのはそういうものです。時には憎み合うし殺し合うこともある。顔を知って、あいつだけは許さないという気持ちが高じて、なんかきっかけがあるととんでもないことをしてしまう。

ところが会社、企業、それから官僚が引き起こす不幸というのはケタが違うんですね。言ってみれば見ず知らずのうちに、見ず知らずの人をいくらでも殺せる。なぜならば相手の顔を見ていないから。顔を見ていないということは人として認識していないわけです。人を人と見ない。存在を否定する。数でしかない。だから賠償や何かしなきゃいけないんだったら、数として少ない方がいいと思って一生懸命抑え込みにかかる。その一人一人がそれに対してどういう思いで受け止めるかということは、カッコに入れてしまって考えないことにする。そういう思考の回路があるんだろうと思うんです。あるいはそういうふうに考えるように練習させられる。一番いい例が軍人です。戦争に連れていって「あっちにいるやつは敵だから撃ってよろしい、なるべくたくさん殺しなさい」と教え込んで戦場に放つ。相手を人間だと思わないわけですよ。それでも実際には、いざと向き合って遠くから見ると、人があそこにいる、敵の兵隊である、撃って殺そうというときには抵抗があります。本当にここで、この小さな引き金を引いたらあそこにいるあいつが死ぬんだと思ったら、最初は引き金を引けるかどうか。人一人を殺すっていうのはどういうことか。普通ならば考え込む。考え込まないように一生懸命訓練をしたうえで送り出すけど、それでも考え込む。大岡昇平という作家に『野火』という話があります。敵の兵士が目の前を通るのを物陰に隠れて見ていて、撃てば撃てるのに撃たなかった。なぜだろうと後からずっと考える。そういう話です。そこで人は

「顔が見えるから、相手の姿が見えるから殺しにくいんだ。見えなければいいや」というので、まず遠くから大砲で撃つことを考えつきました。これならば相手の顔は見えない。こっちの方でドンとやればいいだけ。それから次は空から爆弾を撒くっていうのもやりました。東京を空襲したB29から、下に住んでいる人びとの顔は見えません。通り過ぎた後で煙と火の手が上がるだけです。つまり、よほどその場を想像しなければ、自分が人を殺しているということを直接には受け付けないで済む。

最近はもっとすごいですね、アメリカがやっていること。無人の、無線操縦の爆撃機を造ってそれをアメリカ国内のセンターで、テレビで見ながら操縦して人を殺す。何千キロも離れていながら。テレビゲームとまったく同じです。ピンポイントで誰でも殺せると言っている。結局のところ、人間の中の人間性をうまく抑えるようなシステムを、人間の中に組み立てる。そこのところは考えないことにしよう。人数であって一人一人ではないということにしよう。それから自分の方も何の誰それではなくて、この役場のこの椅子に座るポジションのたまたまの担当者である。無名の。後になってお前一人の責任を問うことはないと言われて。言ってみれば顔が見えない状態でことを決めていく。ただその場合、では「彼らは非人間的だから」と言って済むのか、という大きな問題があります。彼らは確かに非人間的です。

たぶんぼくにはできない。最初から採用されるはずもないですけどね。

しかしあのとき、なぜ、水俣病が起こったか。チッソがつくっていた製品が大事だったからです。日本全体が合成化学工業でおおいに儲けようとしていて原料がいる。それがなければ日本中の他のプラスチックなんかをつくる工場が動かない。高度経済成長が滞る。みんなお金持ちになりたいとは言いません、ただもう少しましな生活がしたい。戦争の惨禍を乗り越えてようやく途中まで立ち直って「所得倍増」という言葉もあって、いずれもっといい暮らしができる。そう思っているときに、そこに達する道に「邪魔な人びと」がいた。言ってみれば道路を造っていく途中、ブルドーザーで進んでいくと、たまたま目の前に不運なことに水俣の漁民たちがいた。ブルドーザーを運転しているのは国です。チッソです。しかし、そのブルドーザーの背後には「もっと豊かな暮らしがしたい」という日本人全部がいた。右代表で通商産業省の誰かがいたわけでしょ。水俣病が発生したことは新聞で伝えられてみんな知っているはずなのに、少し我慢するからチッソの工場を閉鎖しようという声は出ませんでした。結局のところ、チッソは我々一人一人だったわけですよね。そのときの間違い、あるいは倫理的な誤り、罪を、いまだに我々も負っている。そのあげくのこの間の最高裁判決であり、それをまたひっくり返した環境省の態度です。その「経済のため」あるいは「繁栄のため」「より豊かな生活のため」という言葉で本当は何をしてきたのか。

昔チッソ、いま東電と言いましょうか。福島、あれほど広い土地が使えなくなりました。尖閣とか竹島とか小さいもんです、サイズから言ったら。実際に人が住めない土地だけじゃないんです。この間ちょっと聞いたんですけれども、岩手県の一関（いちのせき）、ずっと北の方ですね、福島からはるかに遠い。そこである農家の方が、何かお金になる作物をと思って薬草栽培を考えた。薬草は狭いところで手をかけてつくって、非常に高く売れます。その販路を確保しようと思って製薬会社、名前を言えばツムラですけど、ツムラに持ちかけてこれとこれをつくるんだけど買ってくれるかと言ったら、ツムラの方は「一関では無理です。岩手県でも盛岡から北でなければうちは買いません」。風評被害ですよ。そういう範囲が非常に広がっている。国土の一部を使えなくしてしまった。水俣のエコパーク水俣は、その下に汚染物質が埋まっています。見た目はきれい。しかし地面の底まで透かして見れば惨憺たる光景です。でも、まだあそこに埋め切れたんですよ。福島はとてもそうはいかない。今でもジャブジャブ汚染水が出ています。もう行き詰まってしまっているでしょう。

昔、一九九五年ぐらいでしたか、ぼくはカンボジアの戦争が終わってまもなくの頃、タイの難民キャンプに行ったことがあります。タイとカンボジアの国境にあって、タイにいる難民の人たちがそこでしばらく生活をして、元気になって職業を身につけて、できるならば帰っていく。あるいはそこから他の国へ移民として出ていく。日本は僅かしか受け入れませんでしたけど。そこに行っているときに、誰かが「ちょっとカンボジアに行ってみようよ」。すぐそこなんです。もちろんこれは不法入国です。でも向こう側の村も面白いからって、オートバイの後ろに乗ってバアッと行きました。市場があっていろんな物を売っていて面白いんです。魚の塩漬けなんかカンボジアの方がおいしいからってタイの人みんなも買いに来る。フラフラ歩いて見ていたら、一つ大事なこと、「ぜったい草むらに入らないでください」。ちょっとおしっこしようと思っても草むらに入らないでください。まだ地雷があります。地雷を撒いてしまった土地は危なくて使えないんです。畑にもできない。実際、何人も足をなくしたり、手をなくしたり盲になったりした人がいます。いま地雷というのは悪辣(あくらつ)ですから、例えばいきなり足元で爆発して人を殺したりしない。踏むとバネで顔の高さまでパァンと跳ね上がるんです。そこで小さく爆発する。みんな盲になってしまう。戦争っていうのはそういうことをします。殺してしまったら悲しみとお葬式で終わります。障害者にしたらその国はその人をずっとケアしなければいけない。それだけ国力が奪われて戦争遂行能力が下がる。

あるいはきれいなお人形やきれいな文房具の形をした地雷をつくって飛行機から撒きます。子どもが拾う。そういうものを設計する人がいるわけです。話を元に戻せば、カンボジアの地雷はずいぶん片付きました。一人、日本で非常に賢い正義の味方のエンジニアがいて地雷処理装置を造りました。パワーショベルのずっと先の方にガラガラ回るドラムが付いていて、それに鎖が何本も付けてある。それをぐるぐる回して草むらを押しながら行くと、地雷があったらポンポン爆発する。いっぺんそれが通ったところはもう大丈夫と宣言できる。そうやって広い範囲の地雷原を安全な畑に戻しています。そのパワーショベルの後ろ側に鋤が付いていて、地雷除去と同時に耕すこともできるようになっている優れものです。

でも、福島は、ある意味では地雷より始末が悪い。そういうことをしてしまったんですね。東電は「事故だ」って言っているけれどもぼくはそうでないと思う。ああなることはわかっていたはずです。言い逃れをするところも本当にチッソとよく似ていませんか。たぶんこれから国はチッソ方式で事態の解決を進めていくんでしょう。それでも会社、国家、こういうものに由来する不幸とは人は闘うことができます。さっき自然に由来する不幸とは仕方がない、あるいはせいぜい防ごうと努力するしかなくて、いったん起こったら耐えるしかないと言いました。それから人間に由来する、人間同士の間の不幸、これは生きている人間の毎日の課題です。小説家なんていうのはそれだけで仕事をしている。なぜ人は人を殺すか。なぜ、誰が、『カラマーゾフの兄弟』の父親を殺したか。なぜ、エリートはろくでもない金貸しの老婆を殺してもいいと『罪と罰』のラスコーリニコフは考えたか。それが人間的な、最も人間的な不幸との付き合い方です。それに対して企業的な、営利のための、つまりはお金に後ろから突き動かされている類の不幸に対してはどうするか。それは闘うしかないんです。それはおかしいと声を上げて、裁判を起こして、あるいは選挙を通じて、あるいはその会社のものを不買運動して、あるいは制度を変えて。電気は残念ながら不買運動がちょっとしにくいんです。頑張っている人たちは自分のところでつくって何とか買わずに済もうとしていますけどね。エコロジーの運動をしている友だちがドイツにいるんですけど、彼はテレビを見るときに自転車で発電します。結構な労働なんです。最近のテレビは消費電力が少なくなってきたからまだできるらしいけど。だからもう悲しい話なんか見るときは、こうやって（笑）一生懸命こぐ。頑張ってるやつだと思いますよ。そうやって闘うことはできる。

ただ全体としてどうなんでしょう。ことはよくなっているのかどうか。そこで、さあ過去と未来の話になります。かつてはマルクス主義の進歩史観というのがありました。つまり、いまはいろいろダメな時代であるけれども、社会主義革命を起こして、それから共産主義に移行できたら、全部が平等でみんなに物が行き渡る。不公平のない素晴らしい社会ができる。つまり社会というのはだんだん良くなるっていう考え方です。それで一生懸命、革命を起こしてみたんですけどダメでした。理想としては素晴らしい。でも人間は、そんな理想についていけないんですよ。みんなで働いてみんなで分けようっていうと誰も働かなくなる。つまり、不公平のある給料で釣って働くやつには金を払い、そうでなければ払わないとしなければ、働かない。サボる。手を抜く。ノルマを与えてもダメ。工場でどんどん働いても、つくった物は横流しする。それ以上に、労働者と指導する者の間に階級差が出てくる。結局は同じことで、しかも創意工夫の余地がなかなかないから、次第次第に内部から崩壊していってしまって、少なくともソ連っていう国はなくなりました。つまりそれについて言えば、進歩史観は成立しなかった。その一方で僕は、社会主義を信じています。今の資本主義、お金に後ろから突き飛ばされるような金融資本主義は、いくら何でもお金という怪物の力が強すぎる。人間の手に余る。原子力が手に余るように、金融もたぶん手に余るんだと思うんです。そこに一定の枠をはめて社会主義的な政策をして、せいぜい平等を維持しようという考え方には賛成しています。それは実現している国もあるわけだから、それ自体は進歩史観ではないです。

もう一つ、「もっと良くなる」の典型が経済成長です。いわゆる右肩上がり。つまり、世の中だんだん良くなってみんなお金持ちになって、暮らしが楽になる。実際の話、それはある程度まではそうでした。僕は一九四五年、戦争の終わる一か月前に生まれてますから、昔の貧乏もよく知っています。それから比べたらずいぶん良くなりました。ただ、常に経済成長していかなければ立ち行かない社会だとしたら、それはどこかおかしいんじゃないか。そんなに成長できるはずがないんです。つまり、今日五個パンを食べて明日は六個食べる、幸せってそうではないでしょう。食べる量には限りがある。しかし、資本主義というのはともかく物をつくって売らなきゃならないし、誰かが買ってくれなきゃいけないから、そのために必死でやって無理をする。一方では資源をどんどん使って、一方では廃棄物をどんどん出す。そこのところで何か違う考え方があるんじゃないかなっていうことを考えます。ひょっとして幸福は未来じゃなくて過去にあるんじゃないか、あったんじゃないか。それがさっきぼくが読んだような、つまりチッソと無縁だった頃の――と言ってはいけないですね、チッソは長かったですから、チッソの魔の手が伸びるちょっと外側にいて魚を獲っていた漁師たち。あるいはあの時代に生まれ育って野山を走り回っていた少女、みっちんこと石牟礼道子さんが味わっていたような子ども時代。これについては『椿の海の記』に詳しいんですけれども。こういう人たちにあった幸福がなくなってしまったわけです。どこへ行ってしまったのか。結局はこの経済成長とテクノロジー、技術革新、そういうものの中に埋もれていった。

つい先日お出しになった講演集（『蘇生した魂をのせて』河出書房新社、二〇一三年）の中で、石牟礼さんはこうおっしゃっています。肉体労働と頭脳労働が分かれた辺りからおかしくなった。水俣でいえば漁師さんやお百姓さんと、「会社行き」っていいますが、会社員になってチッソで働くようになった人たちの、両方の人たちができた辺りから。結局、頭脳労働っていうのはダメなんじゃないかしらっておっしゃるんです。本を読んで、ものを考えているだけなんてのは一番いけない。ぼくなんか最悪なんですね（笑）。それはなぜかっていうと自然から遠くなるからです。自然っていうのは厳しいけれども公平です。というか、インチキをしない。こちらは体を通じて自然を読み取ってそれに応じて動かなければならない。そこのところで手加減はしてくれない。昔、山に登るのに、途中の谷川でちょっと休憩して、そこの水がきれいなので水筒に詰めようとそこに置いて、しばらくゴロッと寝てから、さあ、行こうと立ち上がって、リュック背負って何百メートルか登ってから気が付いたんです。水筒、忘れてきちゃった。そういうときに自然は全然おまけしてくれません。同じ距離だけ降りて同じ距離だけまた登らなければならない。山の高さはいつになったって一メートルも変わらないんです。そういう尺度に合わせて自分を育てていく、養っていく。そういう種類の知恵を身の内に宿す。それがもともと、人間の営みでした。

だから例えば漁師でいえば、上手い下手が生じるわけです。上手い人っていうのはたぶん、自然を読むのが上手いんです。この魚を釣るときは、この季節だったらここに行ってこの潮の流れの中にこういう糸を垂れると釣れる。それを経験的に知っているのではなくて、それ以上に海の色とか空の色とか気温とか風とか、そういうこと全部を総合して。計算してっていうとなんか違うんですけど。囲碁や将棋をする人が一瞬にして何手も先を読むように、腕のいい漁師は海を読んで釣り糸を垂れて魚を得る。畑の場合もそうです。今年のこの感じだからこの辺で種を播いて、追肥(ついひ)はこの頃にしてって。経験値は大変たくさんありますけど、それと一緒に自然を読んでいる。何かそういうことで得たもの、つまり、ごまかしのきかない自然を相手にして得たもの、それはたぶんそれなりに人の心を律する、そういうものだろうと思うんです。

ただし、それがそのまますぐに人格を養うわけではない。ぼくは石川県の山の中で一種の学校みたいなものを仲間たちとつくって、もう二〇年ほど講義をやっています。講師を呼んで、生徒といってももう平均年齢五〇歳ですが、何十人か集まってもらって話をしてっていう。白山麓僻村塾といいます。その白山の麓の、今は名前が変わりましたけど白峰(現・白山市)という村に、一人有名な爺さんがいて。いやな人なんですよ、因業で。だけど、その人の山は本当にきれいなんです。林業の盛んな土地ですから。あるとき、誰かが聞いたんです。爺さん、あんたの山だけどうしてあんなきれいなんだ。その爺さんが言うには、わしの長靴の裏には肥しが付いとるって。つまり、しょっちゅう山に行くんです。行って何かちょっとしては帰ってくる。足を運ぶ回数が他の人たちとは違う。だから美林ができる。ただし人格はまた別(笑)、というお話ですけど。

それに対して頭脳労働は何かっていうと、全部置き換えです。具体物を用いない。いまコンピューター関係なんかでヴァーチャルっていいますが、具体物でないって意味ですね。一番簡単なのは、コンピューターの画面のことをデスクトップっていうでしょ。机の上って意味ですよね。机の上に紙とか鉛筆とか置くように、あそこにいろんなものが置いてある。しかし、あれは机ではない。同じようにして自然物をそのままではなくて何かに置き換えて扱う。そうやって実物から遠のく。それこそ子どもたちは昆虫採集をしたことがない。でもスマホの中に昆虫採集ゲームがあったりする。そうやってだんだん遠くへ行ってしまって。仕事でももともとがそうなんです。何かに置き換えて具体物を使わない。非常に効率は良くなるかもしれません。重い物を動かさなくて済むから。今でいえば、電子出版ですね。ぼくら本を大量に扱います。電子出版だったら重さがゼロですから持ち運びは楽ですけれども、なんとも手ごたえがない。しかし、全部がそういう方向へ進んできたんです。そうして体を使わなくて済むようになった。自然の中に入っていかなくて済むようになった。その分だけ賢くなったと思っているけれども、さあ、そうでしょうか。こっちの方が素晴らしいと思ってどんどん、どんどん木に登って、もっと高い所へ行こうと思って、そのうちに非常に細い枝の先に出てしまって降りるに降りられない。いつ枝が折れるかわからない。なんかそういう日々を送っているような気がします。

ただヴァーチャルといえば、もうすでに何千年も前に非常にヴァーチャルなものをつくってしまったとも言える。それが言葉です。具体物に触れないで言葉だけで済ませることができる。そのあたりから堕落が始まったんだとしたら、さあ、どこまで戻ればいいか。本当の話、戻ることはできません。たいていの場合は、いったん持ったものを捨てることはできない。しかし、例外がないではない。最近でいえばフロンという化学物質はほぼ決着がつきました。大変に便利ないいものであって、こんないいものはないと、たくさんつくって冷蔵庫や洗浄剤に使ってたんですけど、そのうち大気層の上の方のオゾン層を壊して、紫外線が増えて、ガンが増えるということがわかって。やめようということを世界中で協定して、値段は高いけど別なものと置き換えました。そういうことはできる。あるいは江戸の初期、刀狩りをして、日本中から武器を非常に減らして平和な社会をつくった。それもできた。やれないことはない。そのあたりから始めて、闘って、悪い官僚――っていったらいけないですね、悪いシステム、制度と闘って、その組織に由来する不幸がなくなるようにしなければいけないと思っています。

ありがとうございました。

井上ひさし

コメと水俣病──戦後日本農政の影

えー、眼鏡を替えます。人柄が変わります（笑）。

皆さん、いろいろ情報をお集めになるのがお上手だと思いますが、わたくしはインターネットは全然知りませんし、パソコンも使いません。使えないと言った方がいいでしょうね。それから携帯もありませんから、一番最新の電子機具はファクシミリです（笑）。

ただ、新聞の切り抜きはよくやります。わたくしは二年半国家公務員をやりまして、大学へ戻ってきたのがちょうど一九五六年（昭和三一年）の四月です。そのときから水俣の切り抜きを始めました。もう一〇冊くらいありまして、後半はちょっと怠けていますが、それを読み返しましたので、できるだけその新聞記事を紹介しながら、水俣病がどこにもない世紀の奇病、まったく（原因の）見当もつかない不思議な奇病というところから、どういうふうに皆さんご存じの水俣病になっていくか、そのときの水俣市はどういう状態だったかということを、お話しします。

水俣病についてわたくしより詳しい方がたくさんいらっしゃいますし、まったくご存じない方もいらっしゃると思います。わたくしがこれからお話しするのは、まったくご存じない、でも水俣病というのはどこかで聞いたという方に標準を置いています。

一九五六年の五月一日、水俣保健所に最初の届け出がありました。新日本窒素肥料株式会社の水俣工場付属病院から水俣保健所への「奇病が発生している」という届け出が最初で、調べると日本脳炎のような患者さんがすでに五〇人くらい発生していたのです。

そしてしばらく鳴りを潜めますが、やがて次の年、一九五七年の四月から、かなり詳しい記事をあちこちの新聞が載せ始めます。朝日新聞ですと、一日に「奇病」という見出しで、猫一〇〇匹が海に飛び込んで全滅したことなんかが記事になります。この辺から、かなり不思議なことが起きているという感じになってきます。つまりこれまでまったく存在しなかったものが現れ始めるときの物凄さです。猫が逆立ちして海に飛び込んでいく。それが一匹や二匹ではなくて、ある集落——いま「部落」という言葉は禁じられていますので——そこでは一〇〇匹くらい、ほとんどの猫が海に飛び込んだという、そういう記事が出ました。ここで少し世間が注目しだした。

ところで、そのころ僕は大学一年生だったのですが、その前の国家公務員の二年半に払った共済年金はどうなっているのか(笑)。これは今日(二〇〇八年四月二九日)の話と関係がありますが、共済年金には問題起きていませんよね。つまり公務員の、お役人たちの年金にはまったく問題が起きていない。自分たちの年金だけはきちんとやるんですよね、というふうにいくとどんどん脇へ外れていきます（笑）。あの二年半に払ったお金はどこへいっちゃったのかって頭につい浮かんだので、すみません、脱線しました。

それで、これが一気に大きな問題になっていくのが一九五九年です。一一月四日に、第五回日本病理学会秋期総会というのが神田の学士会館であります。そのときに、熊本大学の病理学教室の神原武（かんばらたけし）という助教授の方が、こういう発表をします。新日本窒素肥料株式会社の水俣工場から廃液として流れる無機水銀が、魚や貝の体内で有機水銀に変わるのではないかと。これは後に（有機水銀そのものを排出していたことが突き止められて）訂正されますが、とにかく水俣工場で無機水銀を使用する塩化ビニールの生産高と、水俣病患者の発生人数が同じカーブを描いていることがわかったわけです。

いま、われわれはビニールをたくさん使っていますが、塩化ビニールは当時新しい製品でした。その生産高と、水俣病患者の発生数が同じ曲線を描いている、つまり新日窒の工場の廃液が奇病の原因ではないかと（初めて学会で）発表するんです。これは大きく取り上げられます。僕が持っている切り抜きは発表の次の日、つまり一九五九年一一月五日の日経新聞で、非常に大きく取り上げています。もちろん他の新聞も。

ここからが大事なのですが、このとき早速声明を発表したのが日本化学工業協会の大島竹治という理事です。旧日本海軍が終戦時、つまり敗戦時、水俣の海にたくさんの爆弾を捨てた、原因はたぶんその爆弾のせいではないかとすぐコメントをします。後で考えると、原因は工場の廃水にあることをすでに工場側は気が付いていましたから、さっそく自分たちが所属する日本化学工業協会に知らせて、爆弾のせいであるというコメントを出させたのではないかと勘ぐることもできます。これは突き止めようと思っても突き止められませんが、まあそういうコメントが載りました。

さらに東京工業大学の清浦雷作教授の発表です。この方は水質調査や応用化学の「権威」で、通産省の専門委員をしていらっしゃった方ですが、特殊なプランクトンが原因かもしれないから研究し直そうと主張したわけです。この清浦説と日本化学工業協会による旧海軍の捨てた爆弾説、そして熊本大学の工場廃液説と、この三つの原因説のどれが本当なのかという議論が、新聞でかなり闘わされます。当時、まだテレビはそれほど一般的ではありません。この年の四月にいまの天皇と美智子皇后が結婚してテレビがバーッと広がりますけれども、まだ主なニュースは新聞で取っていた時代です。

そしてやはり同じ年の一一月二日、これはどの新聞もほとんど一面全部をおさえて報道しますが、大変な衝突事件が起きます。水俣湾には(対岸や隣町からの漁師も含めて)五〇〇〇人が魚を獲りに来て生活を立てていたわけです。ところが、そこの魚や貝にはどうも毒があるらしいという噂、風聞が伝わっていって、魚を獲っても売れない状態が続いていました。それで漁民の方一五〇〇人が、たくさんの漁船で工場前の海から上陸するわけです。工場前で待っていた漁民の方三〇〇〇人と合流して、つまり五〇〇〇人の漁師の半分近くが決起大会に集合して市内をデモ行進した後、工場前に戻って排水停止を求めます。

ところが工場側は三〇〇人の警官を呼んでいまして――これに駆けつけたという説とすでに呼んであったという説があって、判断は皆さんにお任せしますが、僕は呼んであったと思います。というのは、水俣にはそれほど警官がいないんですよ(笑)、人口五万ですから。漁民大会があるから何するかわからないと予期して呼んであったと思いますね。

それで少しお酒を飲んで気勢を上げた漁民の方が塀を乗り越えて事務所に入っていって机なんかを壊す。何とかしろという騒ぎになって、警官隊三〇〇人と一八〇〇人の漁民が衝突して、負傷者が一〇〇人くらい出ます。

これはまもなく収まりますけれども、そのときの水俣工場の西田栄一工場長が「計画的な襲撃である」と言う。「これは法治国家では断じて許せないことだ」と。つまり法律ですべてを決めるこの日本国において、こういう計画的暴力は断じて許せないと。「当局の手であくまでも責任を追及してもらう決心である」というコメントが新聞に出ています。これは非常に皮肉ですよね。「計画的襲撃だ。こんなことは法治国家が許さない」って、お前何言ってんだ（笑）ということになりますが、このときはまだ原因がはっきりしていませんので、ここで国論は二つにも三つにも分かれていきます。

日本窒素肥料株式会社水俣工場というのは一九〇八年（明治四一年）に建設されたんです。それで一九三二年（昭和七年）には、アセトアルデヒドという一躍有名になる製品を作り始める（そこから有機水銀も流し始める）。調べていくと、実は一九四一年、アメリカと戦争を始めた年に最初の水俣病の症状が記録されていたわけです。いま水俣フォーラムの実川（悠太）さんにも確かめたんですが、敗戦前のアセトアルデヒド生産がピークを迎えた年です。戦争中は生産が落ちていきますので、廃液はそんなに出なかったわけです。そうするとある意味では戦争が水俣病を抑えていた――こういう言い方はいけないですね（笑）、戦争を認めているることになりますから。

日本は一九四五年八月一五日に戦争に負けてほとんど放心状態になりますが、そのなかで囁かれていたのは、この冬から翌年の春にかけて日本全国で餓死者が一〇〇〇万人は出るだろうということで、新聞にも出ています。一九四五年というのは六〇年ぶりの大凶作なんです。それはそうですよ、田んぼや畑で働く人手を全部戦争に持っていってしまいましたから。残った女手や、当時国民学校の生徒だった僕らも駆り出されましたが、こういう非力な者たちが耕してますから、当然大凶作になります。したがって、戦争が終わった瞬間に水俣工場は大車輪で化学肥料を作り始めるわけです。

水俣市の一九五九年の税収は一億八七〇〇万円です。いまの僕なら何か抵当に入れれば全部まかなえるくらい――いやちょっと無理かな(笑)。そのうちの五三パーセントが水俣工場関係なんです。つまり、工場の固定資産税、そこで働く人や下請けの納める税金すべてあわせて、実は水俣市の収入の半分以上を水俣工場関係が負担していました。まあ、日本窒素肥料株式会社の城下町なわけです。ですから警官隊も来るんでしょう。

そして熊本県はどうしていたかといいますと、これも一九五九年一一月六日の毎日新聞に、県の責任者のコメントが載っています。「厄介なことには手を出さないのが行政である」と(笑)。「したがって県当局の漁民対策はゼロである」って、なんか威張ってるんですね、これ(笑)。

同じ一九五九年、次の年が安保の大闘争があった年ですが、その一一月二〇日の東京新聞には水俣工場長の談話として「科学的結論が出ないうちは責任の取りようがない」というのが載っています。実はこの奇病の原因説として三つ四つ、アミン説とか爆弾説とか、もちろん工場廃液の水銀説とか、いろんなのが飛び交うなかで霞が関の役所がさまざまに対立し始めるんです。まず厚生省は環境衛生を受け持っている。通産省は工場を監督する仕事をしている。それから経済企画庁は水質保全の仕事をしています。農林省は漁業対策をやっている。大蔵省は、それらの対策費用を払わなくてはいけない。ですから、ざっと五つの官庁が絡んでいたわけです。しかも肥料を増産しなければいけないという国家的な大目標がある。

皆さん、日本がコメの自給に成功したのは何年だとお思いになりますか。奇しくもこの次の年の一九六〇年、明治国家が発足して以来、初めて日本は日本人が食べるコメをすべて日本国内で作ることに成功したんです。つまり戦争時代の空白を補うといいますか、とにかく田んぼに畑に化学肥料と農薬をどんどんどんどん撒いていく。しかもその農薬の主力がセレサン石灰という(商品名の、酢酸フェニル)水銀(を主成分とする)農薬だったわけです。こういう水銀農薬を空からも日本全土に撒きました。それで一九五三年から一九六九年までの一七年間に、実は六八〇〇万トンの水銀農薬が日本全土に撒かれています。ですから、農林省としては漁業対策と同時に、「日本はコメの自給にやっと成功しそうだ、コメをもっと作ろう」という農業政策をしなきゃいけない。この一九六〇年、農業基本法を官僚が立案しています。これは自給に到達した瞬間からコメの取れすぎを警戒するものでもあり、私から見ると悪法なのですが。

いずれにせよ、一方では「コメ増産、コメ増産」で肥料と農薬が大事ですから、六八〇〇万トンというのは大変な量ですが、それを撒いてコメの増産に無我夢中になっている時代に水俣病のような事件が起きると、えらいことになります。

皆さん、すぐおわかりになると思います。つまり、何かの理由で有機水銀が体に入って脳を侵したということを中央官庁が認めたとなると、当時大量に撒いていた水銀農薬が使えなくなるわけです。ここで中央官庁は大変困ってギクシャクした。普通こういう大問題が起きると関係官庁が集まって連絡会を作るのですが、これがなかなかできなかったんです。開かれたのは三年後のことでした。死亡率が四〇パーセントに達する、しかも助かっても治らない、日本脳炎と似ている大変悲惨な病気が起きていると、水俣保健所に最初に届け出があってから、やっと三年後に連絡会が開かれます。

しかも当時、経済企画庁では、もし日窒の廃水から出た水銀がそういう大変な病気の原因だとすると、すべての水銀関連産業を一時止めなければならないわけだから、そのことによってGNP、いまでいうGDPの三分の一が失われるだろうと試算しています。これについて、ずっと後になってですが、公害事例研究と水処理技術で皆さんもご存じの宇井純さんが、「もしあの時期にチッソが一五〇万円を投資して水俣工場の排水処理をしていれば水俣病患者はずっと少なかった」と言っておられます。つまりチッソが(自分のところの猫実験でアセトアルデヒド工場からの排水が原因だとわかった)一九五九年にごまかさないで、ほんの、といっても当時の一五〇万円って大金で、いまの一五億とかそんな感じだと思いますが、それだけ投下して廃水処理していれば水俣病はこんなに広がらなかった。そのことを宇井さんは、水処理技術の専門分野から発言しています。

一九六五年、チッソは二〇〇万円かけて排水処理をして水銀を(ほんの少ししか)出さなくなるんです。これは日本が最初に世界に発信した情報の一つです。つまり、いい加減に始めるとツケが回ってくると。ですから工場とか何かを造るときには、少しコストはかかりますがきちんとやっておけば後で公害が出ないで、全体で見ると実は非常に費用が安く済むという法則が出てくる。この経験則が世界に広まっていくわけです。

話を戻しますと、霞が関では特に通産省と厚生省が対立しました。通産省の方は先ほどご紹介した東京工業大学の清浦雷作というまじめな専門家なんですが、いま考えると御用学者でした。通産省や経済企画庁の専門委員ですから。大正時代に内閣総理大臣を務めた清浦奎吾(きようらけいご)さんのお孫さんです。毛並みはいいし、もちろん学問もしっかりしていて、こういうことの専門家でもある。そういう人が非水銀説を唱えました。

ここが大事なんですが、「この水俣にそんな争議が起こって水俣の評判が落ちては困る」と、市会議員と県会議員が工場側にまわるわけです。そして一方には、熊本大学医学部と、ちょっぴり厚生省と、魚が売れなくて生活に困った漁民たち。水俣は一種の鬼気をはらんだ(先ほどお話しした漁民騒動につながる)一触即発の雰囲気になります。

それから(一二年して川本輝夫(かわもとてるお)さんたちが水俣工場前に座り込んだときには、工場側の市民から)すごいビラが撒かれています。このビラは私たちに大変教えてくれるところが多いんで読んでみます。「患者さん　会社を粉砕して水俣に何が残ると言うのですか!」。これが一番大きな活字でバッと書いてあって、次にもう少し小さく「私達の明日の生活をだれが保障してくれるとでも言うのか」と書かれている。そして本文はこうです。

「水俣に会社(水俣で会社と言えばチッソでした)があるから人口わずか三万たらずの水俣に特急がとまり、観光客だって来るのではないのですか。会社行きさん(チッソの従業員です)が、会社から高い給料をもらい、水俣で使ってくれるから水俣の中で金が流れるのではないのですか。銀行だって、生命保険会社だって土建業だって、私達駅前の食堂だって、曲りなりにも、なり立っているのではないのですか。もし水俣から会社が去ったら、どんな事業だって縮小せざるを得ないでしょう。そこで働いて生計を立てている我々市民はどうなると云うのですか。真昼間、乱闘さわぎを起しチッソ爆発をさけぶと思えば、夜こそこそと電柱にチッソ粉砕のビラをはりあるく、名もなきよそ者よ(私もこのチラシの後の一九七二年に水俣に行ったものですから、ちょっと……)、我々市民に堂々と正体を現わしてみよ。会社の工員さんとフーテン族とのつながりはどうなっているか……だれが、静かな水俣につれて来たのか会社前のテントの中で何をごそごそしているのか……。

私達市民の知りたいのは、患者さんと過激学生、会社の工員さん(第一組合のことです。会社側の第二組合ではなくて)との続がらです。まさか水俣の住民が、さわぎを大きくする為によそ者をつれて来ているのではないでしょうね。この点、患者さんの見解を明確にして下さい。

新認定患者の皆さん、支援に名をかりて水俣をこんらんにおとし入れる諸君、我々市民の声を良く聞いて下さい。(中略)市民の座談会の声を良く聞け!　この声が今迄何も言わなかった市民の、腹の底からの叫びなのだ」。

これは座談会も載っている、すごく手の込んだ豪華版のチラシなんです。その中には「あの患者達は自分達のことばっかり言って、いっちょん反省はせんとだもんね、同情する必要は全くないよ」と言っている人もいます。それから「神経痛か、小児マヒか、アル中か、ようわからんとに、金をやるようにとか、仕事を与えるようにしなければならんとか、(中略)何を考えているかいっちょんわからん」というようなことを書いている。あるいは「あいつらは、弱った魚を喰べたから奇病になったのはこれは事実じゃ。そん証拠には、俺達(つまり市民、駅前の商店街の人たち、旦那衆です。これにもちろん市議、県議が付いてるわけですが)いくらでん食べたし、魚屋で買って食うた市民は誰れもならんかったもんな」てなことも言っています。すごい発言が続きますけども後は省略して本文に戻ります。

「あなた方は会社をうらむあまり、補償金を取りたいばっかりに、巡礼姿で全国をまわったり、チッソの株主総会で騒いだりした為に、今なお水俣病が起っているような印象を与えてしまいました(「今なお起っているような」ということは、これを書いた人は、水俣病患者はもう出ないと思っていた。これは間違いです）。どうか手段を選ばないことが会社ばかりでなく、市民も敵にまわしてしまっていることに気づいて下さい。限度を越えた補償金獲得は市民が迷惑します。

（中略）そして支援団体という人達にもお願いします。患者さんを自分達の目的達成の為の道具に使わないで下さい（水俣フォーラムなんて当時あったら完全にあれですね（笑）。皆さんもそうですよね）。患者さんを利用して、水俣市の印象をこれ以上悪くしないで下さい。

（中略）支援を大義名分とされる皆さん。これ以上患者さんを利用しないでやって下さい。同じ市民であるにも拘わらず、よそ者や一部過激な思想の持主の為に、市民と患者の気持はますます遠ざかるではありませんか……。」と書いて、最後に「患者の皆さん、いかがなものでしょうか。患者の皆さんがいかなる支援を受けようとも、いかなる理由があろうともチッソ粉砕運動だけには全市民の力を結集して排除に立ち上がることを申し添えておきます」と署名運動をやるんです。

このチラシの感心なところが一か所あって、署名運動に積極的に協力した市民有志一同が、きちんと名前を出しているんです。「田口敏松」「岩田義光」「田島秀雄」というふうに一五人。この名前を後で調べますと、水俣工場前つまり駅（旧・鹿児島本線水俣駅）の前からずっと続く商店街の主人たちで、彼らがこういうパンフレットを撒いていた。ここには私たちが少し考えなければならない問題があります。私たちはついついこういう立場をとってしまうんじゃないでしょうか。いろいろな問題が起きたときテレビで見て勘ぐったり邪推したりして、すなおに現実を受け取らずにいる。新しい時代、新しい問題をじっと見つめてよく考えて調べたり、知っている人たちと話し合ったりしてきちんとした態度をとることをせずに、問題に対するもっともな動きでも、表面だけを見て「お金ほしいからじゃないか」とか、「ウソなんじゃないか」とか、「よそから来られては困る」「騒がれては困る」「ここの印象が悪くなる」「物が売れなくなる」「会社がもしここの町から出ていったらどうなるんだ」と言って否定する。このパンフレットはそのように書かれていますけれども、そこから引き出せる教訓があるとすれば、私たちはテレビで同じようなことをやっているのではないか、ということです。

一九七三年の三月に、熊本地裁で水俣病の判決が出ます。工場側のとった対策は何ひとつとして人々を頷かせるに足るものはなく、極めて不適切であり、被害者の無知、窮迫に乗じて低額の見舞金で済まそうとしたし、この事件に時効はあり得ないと判断しています。加えて、地域住民から奇病、伝染病と言われ、いわれない迫害を受けてきたことも、認めています。判決としては珍しいことでしょう。

結論を急ぎますと、大切なのは先ほども言いましたように、新しい事態をよく見るということ、そして、お役人は実は何もしないということです。これはお役人を責めているわけではなくて、きっとそういう仕事なんですね(笑)。それから事前に充分な費用を投ずれば、その後の不都合でさらに大きく費用がかかることはないという、日本で得られた公害に関する大きな原則。外国に伝わって、この原則を学者たちが再発見していく。それから、行政と司法は容易に癒着して時にはウソをつくということ。彼らは「法治国家では許されない」とか言いますが、法を破っているのはどっちだっていう問題です。

弱者は必ず弱者の立場に立たないとだめなんです。私たちだってまとまれば強いですけど、まとまっていないので、すごく甘く見られているわけです。私たち一人ひとりは弱いですから、事件が起こったときには必ず、「ここで一番弱い人の立場はどこだろう」というところから考えないといけません。さもなければ、水俣の商店街の親父さんたちのように間違いを犯します。事件のなかで一番弱い、一番立場の悪い人に自分を移しかえて物事を考えていかないと、いい結論は出ません。

「コメを増産しよう」「みんなお腹いっぱいご飯を食べるんだ」ということ自体、少し引いて考えてみると、私たち自身が加害者になっている可能性があるわけです。これはいまの世界の特別な構造、新しい構造です。自分は被害者であるけれど、どこかで加害者になっている。その関係をしっかり把握しないといけない。なかなか荷が重いんですけど、すべてのことに私たち一人ひとりの責任がある。何か影響を及ぼしてしまっている可能性を考えて、私たちは生きていかなくてはいけない。

もっともっとたくさん教訓はありますけれども、一番大事な教訓は、やはり誰かの意見ではなくて自分で物事を考えること。新聞もインターネットも本もありますから、そこから自分の考えをしっかり決めること。しかも立ち位置として、その事件のなかで一番いじめられている人、一番困っている人、一番弱い人に自分を重ねて新しい事態を考えていく。

水俣の、いまも依然として大変ご苦労なさっている方たちが私たちに訴えているのは、こういうことではないでしょうか。

ご清聴ありがとうございました。

網野善彦

軽視され続けた海の民——日本社会史から

わたくしは水俣については、実はまったくの不勉強でありまして、水俣にうかがったことは一度もありません。もちろん水俣病につきましては一人の人間として、非常に強い関心を持っていましたが、このように第一回の水俣病記念講演会でお話を申し上げるような資格はないのではないかと思っておりました。しかし実際、現代、さらには間もなく二一世紀を迎えようとしている未来の人類のあり方を考えるうえで、この水俣病の問題を深く掘り下げておくということは必須の課題であろうと思います。これは歴史学を勉強して古い時代をやっております、わたくしのような者にとっても避けて通れない問題だと考えましたので、お勧めをいただくままにこの場に立つことになりました。

考えるべき問題は非常にたくさんありますが、色川大吉編『水俣の啓示——不知火海総合調査報告』（筑摩書房、新編一九九五年）の中でいろいろな方が追究していらっしゃるように、水俣の素晴らしい自然、素晴らしい海に対して、われわれ日本人の姿勢に根本的に大きな問題があったのではないかということを、水俣病の発生の過程をたどるとき考えざるをえません。芦北（あしきた）と水俣の地域というのは、まさしく不知火（しらぬい）海によって育まれた大変豊かな海の世界だったと言ってよいでしょう。水俣は漁業や製塩だけでなく、船津(ふなつ)を通じて広い世界と結びつく海の交通の拠点という役割も果たしていたと思います。その海の世界が無残にもチッソによって死の海と化していった。その経過を知るにつけ、そこには日本の近代の持っている問題が大変はっきりと表れているのではないかという印象を受けます。

つまり、人間の発生以来の海との大変長い長い関わり、漁労とか製塩とか、海上交通等々、海に生きた人びとが作り出してきた独自の生活秩序が無視され破壊されていく過程そのものが水俣病の発生の過程であったと言うこともできるのです。そのような自然に対する姿勢が一体いつ頃から始まったのか、またなぜ日本の政治、社会がそういう方向に動き始めたのかを考えてみたいと思ったわけであります。

それと同時に、水俣病の発生、この恐るべき病苦の発生は、わたくし自身がこれまでその中におりました日本の近代の歴史学が依って立っている基本的な立場を、いわば根底から揺るがしてきた、揺るがすことになっているとも考えざるをえません。

われわれはこれまで、生産力の発展、つまり自然を開発してモノを作り出すことによって、豊かな社会が作り出される。それの障害になるものはやがては力によって新しいものに作り上げられていくと、こういう捉え方をしてまいりました。ですから自然を開発してモノを作り出す農業と工業を発展させることこそ社会の進歩に向かう道だという捉え方をしてきたわけです。そして山や野原や川や海といった山野河海(さんやかかい)、つまり自然そのものを人間のために開発し改造してしまおうと、当然のことのように考えてきた一面があったと思うのです。海を埋め立ててこれを水田にする、あるいは農地にする、あるいは工場用地にする。湖や川は河(か)口堰(こうぜき)のようなものを作って水がめ、湖にして、これを農業用水にし、工場の用水にし、さらに山や野原の樹木は伐採してパルプにしたり、建築資材にしたりする。時によると山それ自体をひとつ崩して平地にしてしまうということを平然とやってきたところがある。しかも、それを素晴らしい技術、進歩というふうに賛美すらしてきました。

　もちろん農工業の発展は大事なことでありまして、それによって人間の社会は、物質的に豊かになってきたことは間違いないわけですが、しかしそれは、山野河海の自然そのものを決定的に荒廃させ、そこに生活の場を見出してきた山野河海の民、普通の人の生活を奪い、水俣病のような死に至るほどの打撃を人間に与えることになりました。見せかけの豊かさそのものの中に実は重大な問題、重大な欠陥があることが暴露されたと言えるのです。いま申しましたような、人間の社会は生産を発展させれば進歩していくという見方、農工業の発展、生産力の発展にただちに社会の進歩を見出す見方は、近代の歴史学のいわば根本にある見方であったわけですが、水俣病はそのような歴史の捉え方に、根本的な反省、再考を迫る動きであったことは間違いないと思います。

この問題はわれわれに、徹底的に反省したうえで今後歴史をどう考え、人間の未来や社会をどう進めていったらいいかということを突きつけています。しかし、実はそういう反省は歴史学自体の成果の中にもなかったわけではないのです。たとえば、考古学の発掘成果が最近(一九九九年)新聞紙上を賑わして多くの方のご関心を呼んでいますが、この発掘成果それ自体がこれまでの歴史の捉え方に対する批判や反省、学問的な基盤を用意してきたという一面もあるわけです。つまり、注目を浴びております三内丸山など青森の遺跡、あるいは富山の桜町遺跡等々、縄文時代の遺跡の発掘です。

この遺跡で繰り広げられてきた生活の実態を見ておりますと、もちろん海での魚介の採集、漁労だとか、あるいは山での狩猟が大きな意味を持っているようでありますが、それだけでなく樹木の栽培も行われていて、栗の栽培が非常に早くからあったことがわかってきた。そこでは穀物も一種の栽培が行われていたかもしれません。しかもそれらの栽培はわれわれが思っていたよりも意外に早くから行われていて、安定した生活がいかに長い時代にわたってそこで繰り広げられてきたか、非常にはっきりとわかってきました。三内丸山遺跡で発掘された六本の巨木は栗の木ですが、実は遺跡の周辺もかつて大きな栗林だったと言われています。おまけに漆もおそらく栽培されていて、石器を使って加工した木器に漆を塗った食器を、普通の人がかなりの高い技術をもって作っていたこともわかってきました。

この生活が少なくとも一五〇〇年は続いていたと最近では指摘されています。後で申し上げますように、今からほぼ一三〇〇年前の古代七世紀の末に「倭国」という国名が改まり、「日本国」という国が初めて地球上に現れますから、それよりもはるかに長い期間、自然を開発し改造していくような農工業のあり方とはまったく違う自然とのつきあい方が見事になされてきたことになります。縄文時代が非常に豊かであったとは決して申しませんけれども、三内丸山のような生活がきわめて長い時間営まれていたという事実そのものは、日本国の歴史を考えるうえで教えられるところが大きいと、わたくしには思われます。

それともう一つ大変大事なことだと思いますのは、縄文時代のこの遺跡が、決してそれ自身で自給自足していたわけではなく、非常に広い地域との間で交易を行っていたことです。たとえば黒曜石を北海道から持ってきたり、翡翠(ひすい)を越後のほうから持ってきたり、かなり広い範囲で物の交換が行われています。塩はおそらく最初から交易するために作られ、山の中の人びとに供給されたのでしょう。商業とか交易は、人間の生産力が発達して余剰な物が生まれて初めて行われるようになったのだとこれまで考えられてきたわけですが、実はそうではなかった。交易や商業はいわば人類の最初から存在していたと考えざるをえなくなってきたのです。つまり、人間というのは最初から社会的な動物である。他を意識して生活をしている。余った物ができて初めてそれを持っていって売るのではない。そういう動物ではないと、事実そのものがわれわれに教えてくれているように思うのです。

これらの発掘成果は、自然に対する人間の姿勢、自然と人間社会との関わりそのものを示している点で非常に重要です。これまでの歴史の見方に対する、人類社会全体に通ずる根本的な問い直しが、いろんな角度から始まっていることを物語る一つの好例ではないでしょうか。二一世紀の人間というのは、このような新しい自己認識に基づきながら、水俣の失敗から充分学んで歩みを進めていかなくてはなりません。

ところで、このような問題は一般的な事柄ですが、それをより日本の社会に即して考えてみますと、おそらく今でも「日本は江戸時代までは自給自足の農村を基盤とする封建的な農業社会だった」という見方が根強いのではないでしょうか。農民は生きぬよう死なぬよう、作ったものの余りは全部年貢に吸い取られ、大変苦しい生活をせざるをえなかったという捉え方がこれまでされてきました。だから、それを打破して工業産業を発展させたところに明治以降の政府の功績があり、いろいろマイナス面があったにしても、それなくしては近代は開かれなかった、公害はそのためにはやむをえないものなのだという見方が、実はいまだに大変根深く日本人の理解の仕方になっています。

すこし古く細かい話になりますが、こういう見方を支えるような数字が確かに政府や研究者によってこれまでわれわれに示されてきたわけです。その一例をあげてみましょう。日本で初めて全国的に作られた戸籍を壬申戸籍と申しますが、明治五年から九年(一八七二〜七六年)、ちょうど明治政府ができたばかりの頃、それを基にして政府が公式な人口統計を明らかにしています。そのうち職業別人口統計を見てみますと、農民の「農」が七八%、工人・手工業者の「工」が四%、商人の「商」が七%、これにはかつての武士も入っているかもしれませんが「雑業」が九%、それから「雇人」が二%と発表されております。つまり、農が約八〇%を占めることになり、この数字を見ると誰でも、江戸時代の末、明治の初めの頃の日本の社会は農業人口が圧倒的だったと考えてしまうわけです。そして、そういう農業国であった日本を近代化したのが明治政府のリーダーたちであったということになってくるのです。

　しかしこの数字の中には「漁」という言葉がありません。「林業」という言葉も入っておりません。全部「農」になっているわけです。士農工商という基準に基づいてこの統計は作られている。「士農工商」というのは今（一九九九年当時）の教科書にもそのまま書いてあるんですが、実はまったくのでたらめだとわたくしは思っています。それがでたらめであることは、漁業、林業がきれいに落とされていることからただちに気付かざるをえないわけでありますが、この人口統計は非常に奇妙なことをあちこちで起こしております（注――その後「士農工商」は歴史用語として不適切だと見直され、現在の教科書では使われていない）。

　わたくしの郷里は山梨県でありますけれども、同じ人口統計で見ますと、明治の初めの頃の職業別人口総計で、最も農地の少ない都留郡――中央本線で行って大月辺りの、山と川ばかりの所は農が九五％、一番開けている甲府近辺の山梨郡では農は七七％ということになっているわけです。甲州人、山梨県人が見ましたら「こんな馬鹿なことありっこないわ」と言うに違いありません。しかし、この数字が公式統計として表現されますと山梨県は農業県になってしまう。盆地であまり農業のない、発展したとは考えにくい県でありますが、むしろ農の比重は全国平均の七八％よりも高くなっているわけです。このようなインチキがさらにはっきりわかりますのは、伊予の国、愛媛県の統計です。瀬戸内海に、二神島(ふたがみじま)という小さな島が浮かんでおります。だいたい田畑(でんぱた)が一〇町(約九・九二ヘクタール)もない島ですが、壬申戸籍のときの戸数では平均一三〇戸、つまり相当に密なわけです。お若い方にはわかりにくいかもしれませんが、一〇町を一三〇で割ってしまいますと、一戸あたり平均して一反(約九九二平方メートル)という単位すらないんです。本当に小さな農園がある程度。水田になるとほとんどないわけです。ところがその壬申戸籍の原簿を見てみますと、その一三〇戸は全部「農」になっているんです。

この二神島の人の生活は、海なしには絶対に成り立たない。もちろん漁労があり、海藻も採っておりましたでしょうし、さらに海で船を使って交易もやっていた。そういうことがはっきりわかる所でありますが、その普通の人びとの職業が全部農になっている。つまりここでもう海の問題が、公式の統計からはっきり切り落とされているのです。もちろん明治政府がこの統計だけで政治をやったわけではないと思います。しかし、最も優れた江戸時代についての研究者と言われている(農業史学者の)古島敏雄先生ですら騙されて、日本の人口の中で八〇%近くを農業人口が占めていたことはその後の日本の社会を考えるうえで非常に重要な意味を持っている、とおっしゃっていることからも、この数字の重みは見逃せません。わたくし自身も騙されて、そういう捉え方で日本の社会をずっと見ていました。

しかし、水俣の海辺（かいへん）の集落で人びとは漁労を営んで暮らしていました。製塩もしていましたし、さらに古くはおそらく列島の外まで出る船の発着する場所を設け、船で活発に活動していたのではないかと思います。それをすべて「農」の扱いにしてしまう。これはいわば海を軽視する、無視する見方の根本であります。明治政府は「百姓」という言葉はあまり使いたくなかったのでしょう。江戸時代には「百姓」や「水呑み」と表記されていた人びとを全部「農」にし、その結果このような統計の数字になったわけです。

それでは百姓は本当に農民だったのでしょうか。これはもうあちこちで盛んに申し上げていることですが、実は百姓という言葉の意味には農民の「の」の字も入っていません。「たくさんの名字を持っている人」という意味以上でも以下でもなく、実際江戸時代の社会では農人、商人、鍛冶、大工、髪結い、宿屋といった人たちも「百姓」の下の職業分類で出てまいります。もしきちんとそう分類するならば、先ほどの二神島の人びとはやはり「商人」であり「漁師」であり、という分類にされていたはずです。実態として、百姓のうち「農民」であったのは多く見積もって七、八割だったと思います。ですから明治政府の言う「農」の中で本当に農民だったのも多くて七、八割で、先ほどの数字では「農」は七八%ですからそのうちの七、八割ならば比率は全人口の六〇%から五五%まで下がります。それ以外にたくさんの漁民がおり、商人がおり、職人もいたはずです。

また「水呑み」というふうに言われる人たちについての誤解もあります。日本人には「土地を持たないと豊かではない」という理解の仕方がありますが、これは海で生活し山で生活している人びとに対する非常に誤った捉え方につながっています。水呑百姓というのは土地を持てないのではなくて、まったく持つ必要のない人たちでもあり、実は彼らのような人間が日本列島にはたくさんいたわけです。たとえば能登の輪島は漆器で著名な土地としてどなたもご存じだと思いますが、この土地には水呑みが七一%おりました。ですが水呑百姓で大変貧しいだなんてお考えになりますと大間違いでありまして、この七一%の中にはものすごい金持ちの商人がいたり、漆器の名人であるような塗師がいたり、木地師(きじし)がいたり、決して貧農などではないわけです。それを明治政府は統計上全部農民にしてしまったのですから、恐るべきことだと思います。

さらに「農民」と言われた人たちもいろんなことをやっています。漁労や製塩や舟稼(ふなかせ)ぎをしたり、蚕を飼ったり綿を作ったり、あるいは山に入って薪を採り炭を焼いたりしています。

こういう生業は江戸時代の社会では「農業の副業」ということになっています。江戸の社会は海や山、あるいは野や川に生きる人びとをそれ独自の形で制度化せず、農業を基本にするような方向で制度化を始めました。農業が大事ではないとは決して申しませんが、不当なほど農業に比重を置いて考える方向が、すでに江戸時代に始まっていたわけです。養蚕とか炭焼きのようなものは全部「農間稼ぎ」とされましたが、その農間稼ぎと言われているいろいろな生業が農業に占める比重はどのくらいかと考えてみますと、たぶんこれも二、三十%はある。そうだとすると明治の初めに八〇%近くあるとされた農業人口は、先ほど実は六〇%から五五%くらいではないかと申しましたが、実質としてはそれをさらに八掛け七掛けして、四〇%くらいまで下がってきます。

つまり明治の統計では工が四%、商が七%などといかにも商工業の未発達の社会というふうに見られておりますが、このように考えますと工商を合わせて本当は五〇%くらいになる可能性があります。おそらく工は二、三十%、商も二〇%ぐらいの比率であったに相違ありません。その他にももちろん林業や漁業がありますから、江戸時代の社会というのは農業以外の生業の比重が実は大きく、決して暗黒の封建社会というわけではなかったのではないかとわたくしは最近考えています。

このように見てみると、明治政府が江戸時代の社会を大きく変えて産業を発展させたという捉え方は誤りだとわかります。むしろ明治の産業は江戸時代までの蓄積に大きく負っていました。ところが明治以降、「日本は島国であり周辺から孤立している。海は人と人を隔てるものである。その中で自給自足のために農工業を発展させなくてはならない。だから海や湖や潟はどんどん埋め立てて、そこにしゃにむに工場を建設して、自由工業や化学工業を盛んにしよう」という富国の見方が強くなり、今でも強く残っています。これは明らかに、江戸時代までに多くの普通の人びとが商工業や漁業や林業のうえで積み重ねてきた成果を「遅れた社会」「遅れた産業」として切り捨てる姿勢です。そしてその「切り捨て」は、アジアの諸国を「遅れた国」として切り捨てる姿勢とはっきり共通しています。

ところで、こうした捉え方の源流はさらに遡るとどこにたどり着くのでしょうか。それは、先ほど申しました、六八九年に国名を「倭国」から「日本国」に変えて中国大陸の法体系「律令」を受け入れた国家に至ります。明治政府はこの国家をモデルに復古したと言われています。この国家以前には「日本国」はありませんでした。ですから「弥生時代の日本人がいた」とか「縄文時代に日本人がいた」という言い方は、厳密に学問的に考えればありえません。「日本人が何万年前からこの日本列島に存在していた」と言うことはまったくの虚無です。日本国のメンバーを日本人と言うならば、日本人がこの列島に現れたのは七世紀の末です。しかもこの列島全体が日本国というわけではなかった。東北はまだ入っていません。それどころか、その東北を侵略して、東北人をある意味では無理やり国政の中に引きずり込んだのが日本国という国家でした。ちなみにこう考えると、聖徳太子も日本人とは言えません。あれは「倭人」であり、実際は「日本人」ではないのです。

さて、六八九年に「日本国」となったこの国家が、じつは水田、田地を課税の基礎にいたしました。そして陸の道を交通体系として採用します。基本的に川や海が交通の中心であったのが当時の社会の実態でありますが、それをあたかも無視するかのごとく、陸に大きな道を造ります。普通の人の生活の中では山や川や野原が非常に大きな意味をもっているにもかかわらず、そこにあまり目を向けず、水田にのみ社会の基礎を置きました。このことが後々の社会に強い影響を及ぼします。

もちろん、こんな無理のある国家体制はすぐにダメになりますから、まもなく海や山の交通が復活します。というより、実際に再び社会の表面に現れ、海の役割がいろんな意味で評価をされるようになります。特に一四世紀、ちょうど鎌倉時代の終わりくらいになりますと、この列島の社会では意外なほど商業が発達していました。銭が社会に深く浸透して、手形が自由に流通しているという一種の信用経済までが安定しているような社会でした。これは海の交通、流通が活発であって初めて成立しえたことで、海の商人とか漁師が社会に大きな力を持っていた時代でもありました。

水俣の地域も、最初に申しましたように間違いなく列島の外との交易をやる拠点、商業や流通の拠点として、都市の性格を持っていたと思います。そしてそういう交易や流通の勢力を背景として、真宗や日蓮宗やキリスト教が登場します。ところが信長や秀吉はそれらを徹底的に叩き潰したうえで、あくまでも建前上、農業を中心に据えた「農本主義」のような石高制を採用して、「米」を価値の基準に置くわけであります。ただし、米は非常に大事なものではありますけれども、それが日本の社会全体を覆うような実態はかつて一度もなかったと言える点を考慮しなければなりません。米は非常に大事な穀物と考えられていますが、石高とは要するに米をすべての基準にしたものです。いわば米を金や貨幣として捉えたものだと考えたほうがよろしいでしょう。

しかし信長や秀吉、それから江戸時代の幕府の制度によって、建前のうえで米が表に出されます。その結果、水俣における陣内(じんない)とか浜とか、あるいは船津といった所、わたくしは現地に行ったことはありませんが、たぶん都市的な集落ではなかったかと考えられますが、そういう集落が全部「村」として扱われることになります。輪島などは人口一万人に近い都市ですが、やはり村の扱いになりました。そして村の扱いにされると、そこは「百姓」「水呑み」で構成されると見なされ、他の生業は「農間稼ぎ」であるという言葉で片づけられてしまう。そうした傾向が江戸時代に始まっており、この流れのなかで先ほど申しました明治政府の、林業漁業をほとんど無視して全部「農」にするという捉え方がはっきり現れてくると考えざるをえません。

繰り返しになりますけれども、明治政府はそれまでの社会の実態、特に商工業の比重がかなり高く、林業や漁業なしには成り立ちえない社会の実態を、形式的に無視してすべてを「農」に収斂させていきました。海に依存した暮らしを無視する、その姿勢が、水俣の海を死の海にする、そのような方向に社会を動かしていきました。さらに、土地を持たない人びとに対する差別を浸透させていきました。差別の原因は決してそれだけではなく、たとえば昭和の被差別部落は違ったところから出てくる問題ですが、大きな意味では、「農」という形ですべての人をくくる捉え方が根本にあったことは、日本社会の中で多様な差別の問題を生み出す一つの根源であったと、わたくしは考えます。

大変迂遠な話をいたしましたが、こう考えてみますと、水俣病の問題は決して明治以後百数十年の近代だけに帰せられることではない。明治以後に決定的な問題があることは間違いありませんが、そこには実は「日本国」そのものの一三〇〇年の歴史のあり方全体に関わる問題が潜んでいるのです。最近の「君が代・日の丸問題」(国歌国旗法)についても同様のことが言えます。あれは戦争中だけの問題ではありません。やはり明治以後の日本国のあり方に大きく関わりを持ち、しかも「天皇」という称号が「日本国」という国名と同じときに現れたことを考えれば、一三〇〇年前まで深く掘り下げる必要のある問題です。

水俣病がわれわれに提起している問題を徹底的に考えていくためには、実はこのくらいの、つまり一三〇〇年の日本国の歴史全体を根底から批判的に捉え直さなければなりません。こういう姿勢を持つことなしには、水俣病の問題は本当には解決できないのではないでしょうか。その意味でわれわれの課題は非常に大きい。しかしそこから目を逸らしているかぎり、われわれ日本人はこれからの二一世紀、人間の社会の本当の意味での「発展」に役立ちうるような立場に立つことはできないでしょう。それぐらい日本国に対する根源的に批判的な姿勢をわたくしどもは持ったうえで、これからの問題を考えていく必要があるのではないか。わたくしは水俣病の提起している問題をそういうふうに受け止めて考えております。

柳田邦男

水俣病が求めること——二・五人称の想像力

どうも皆さま、こんにちは。今日(二〇〇〇年四月二九日)の催しの四、五十人のボランティアの方、ご苦労様です。

わたくしは東京を中心に作家活動をしておりますが、水俣事件と直接関わったり、支援したりということではなくて、自分の表現活動のなかの関心の対象軸の一つとして、いつも水俣病が存在していましたし、日本の戦後史のなかでの様々な事件に通底する問題を考えるうえでいつもそこに帰っていくような、そういう問題意識を持ってきました。今日はわたくし自身が社会の事件や人間を捉えるうえで、あるいは時代や自分の生き方を捉えるうえで、この水俣病をどんなところに位置づけ、そしてそこから何を考えるかというようなことを、お話ししてみたいと思います。

原田正純先生がおっしゃられていることのうち、わたくしがお話ししたいことと直接関わってくるのが専門家の責任です。現代社会はすぐれて専門化社会であり、それは専門家が中心的役割を果たしたり、あるいは一般の就業者の仕事の仕方が専門的な知識を必要としたりする社会という意味であるわけですけど、それゆえにそこには大きなブラックホールができているとわたくしは捉えています。これが社会で起こる色々な問題に通底しているのではないかと思います。そしてまた、もう一つ原田先生が強調されていることですが、水俣病を症候学・症状学というような狭いところに閉じ込めて、患者認定の幅を非常に狭めていったということの持つ深い意味。それもまた現代社会のなかの専門家の、重大な欠陥に関わることではないかと思うんです。

わたくしは一九六〇年に大学を出て、最初はNHKの記者をやりましたが、駆け出しのころ三年ほど広島支局に勤務しました。そのときは原爆問題、被爆者問題の担当になりまして、それがわたくし自身のジャーナリストとしての人間観、世界観に決定的な影響を与えたんですけども、当時ようやく原爆症の全体像が明らかになりつつあったところでした。わたくしは文科系の人間でしたが、原爆症に関する医学的研究の取材者という立場から色々勉強したり、被爆者の方々とお付き合いしたりして、だんだん全体像を理解できるようになったんです。原爆症といっても、後障害の場合、遺伝子損傷によるものは別として、いままでなかった病気が放射線で突然起こるとか、想像を超えるとんでもない事態が起こるということではありません。もともとこの世にある様々な病気、つまりガンや様々な臓器不全や神経性疾患などが早期に、あるいは長い潜伏期間の後に現れるわけです。放射線による原爆症は、いわばそのどれもが対象になります。原爆で直接大量の放射線を浴びたり残留放射能による放射線を浴びて身体に生じる疾患の代表的なものとして白血病があり、やがて一〇年後ないし数十年後にガンが登場してきた。白血病やガンは原爆が落ちる前から人間が経験してきた病気でしたが、それが放射線被曝によって異常に発生率が高くなり、それで苦しむ人が多くなったということなんです。それを原田先生がおっしゃっているように、症候学・症状学のように狭く限定的に見ると、「原爆症って広島の人は騒いでいるけど、東京の人だって北海道の人だって(病態の点では)同じ病気になるんだから、何も特別扱いする必要ないし、原爆医療法なんかで医療手当をする必要はないんじゃないか」という議論が出てくる。それと似たことが、水俣病についても、もっと厳しい形で起こっているんだと実感します。

今日お話ししたいことは、水俣病事件から何を学ぶかということでもあります。わたくしも含めて多くの方々は直接水俣と関わっていらっしゃらないと思いますが、水俣病とはこういう病気です、あるいはこういう原因とメカニズムで起こりましたと、単に知識として知ったからといって、それだけでは水俣病の本質を理解したとは言えないのではないか。それだと水俣病は、日常で得る病気の知識とさして変わらないレベルでしか、頭の中に入ってこないのではないかと思うんです。大事なことは、水俣病事件に関する様々な経過や実態と接したうえで、自分は何を考えるか、自分の人間観、世界観をどう深めるかということではないでしょうか。考えないで生きるというのは、ほとんど意味がないことです。一体、考えるとは何なのか。あるいは考える力を耕すとはどういうことなのか。そこに焦点を絞って水俣病事件を考えてみたいんです。

先だって地方の国立大学の医学部に行きましたら、大学院の教授が最近こういうことがあるというんです。院生に「論文のテーマを何にするのかね」と尋ねた。すると院生が「どのようなテーマを選ぶべきかわからないんです」と言う。それで「それくらい自分で文献を調べて考えなさい」と言うと、「そういう文献はどこへ行けばあるんですか」。「図書館に行きなさい」と言うと、「どの辺りを見ればいいですか」と。医学部の学生といえば、その地方では高等学校で非常に優秀な成績を収め、特に理数系が優秀で学校から推薦されて進学してくるわけですね。ところがその学生が教授にものを考える力を試されると、とたんに立ち往生して「わかりません」となってしまう。この問題は、水俣病を考える場合でも同じではないでしょうか。

水俣フォーラムの活動の狙いは、水俣病事件の今日的な意味を発見し、そこから教訓を語り継ぐということに置かれています。意味を発見するということは、当然、知識として事実を知るだけではなくて、一人ひとりが水俣病事件から事件の構造と本質は何かを考え、そしてこの国のあり方や加害・被害の人間の性(さが)についてどう考えるかということです。そこでわたくしが絞り込みたいのは、専門化社会のなかで求められる想像力、イマジネーションの力の重要性です。現代人は非常に豊富な情報を手に入れることができる。そして教育のなかでたくさんのことを、覚えさせられる。大学受験なんか大変ですね。しかし、情報が多いのと反比例するかのように、想像力が欠落してきているのではないかと思うんです。

まず、想像力の基盤としての事実の捉え方について触れたいと思います。

わたくしは原田先生の著書を読んだり、お話を聞いたりするなかで、一つ非常に大事なことを学びました。原田先生はまだ医者の卵だった駆け出しの二〇代のころに、はじめて水俣病を知ってショックを受けました。その当時熊本大学は、もう医学部をあげて水俣病に取り組んでいて、当然それに巻き込まれた一人の若い医師として水俣病事件に関わったわけです。ところが、たくさんの人がそのとき同時に関わって、マラソンランナーの集団のようにいっせいにスタートしたにもかかわらず、年月を経るうちに皆それぞれの仕事に散っていって、そのなかで原田先生を含め、わずかな人だけが本当に生涯をかけて水俣病に取り組む者として残った。これは何なのでしょうか。

第一義的には、若い医師であった原田先生が水俣病をライフワークにした原動力としては、お持ちになっていたヒューマニズムや、悲惨な状態にある人間に対する同情心、あるいは医師としてのパッションが大事な要素としてあったでしょう。それらは重要な要素ではありますが、どうもそれだけではないと思うんです。そのことについて大きなヒントとなるのは、先生が三井三池炭鉱の大爆発事故（一九六三年一一月）についてお書きになった本です。四〇〇名以上の死者を出した三池炭鉱の事故。原田先生はそのCO（一酸化炭素）中毒患者をずっと診てこられ、その集大成として『炭じん爆発――三池三川鉱の一酸化炭素中毒』（日本評論社、一九九四年）を著わされました。部厚い専門的な報告書ですが、壮大な大河小説のように胸にズキズキくる感動的な叙述になっておりまして、その中に次のようなことを述べられた一章があります。

一九〇六年、日本では日露戦争が終わった翌年、フランスのクーリエという炭鉱で大爆発があって一〇〇〇人以上の死亡者を出し、たくさんの人がCO中毒になりました。そのときに患者を診療し、大変重要な記録や論文を残したステアリンというドクターがいて、若き日の原田先生はその論文を恩師の立津政順（たてつせいじゅん）先生に叩き込まれたとお書きになっています。具体的にはこうです。悲惨な状況のなかで生き残ったＣＯ中毒患者たちに対して、ステアリン医師は、病院なり大学なりで「待ち」の姿勢で診療するのではない。外来の患者を診て、これは何とか病ですと病名を下して、薬をつけたり外科的治療をしたりするのではない。ステアリン医師は、ＣＯ中毒患者がどういう病像を示すのか、広い意味での症候群としてしっかり捉えるために、患者の家々を訪れ、家族の日常会話、生活そして運動機能、神経機能、精神症状、感情生活を診る。そして酒場まで一緒に行ってその人の日常生活がどのように営まれ、変化し、またどのような障害を受けているかをつぶさに観察して、記録をしていったのです。

これは医学的診断の基本中の基本であるはずなのですが、現代の医学はそうではなくなってしまっています。ステアリン医師のいた当時はＣＴもＭＲＩも様々な臨床検査もまだなく、聴診器を当てて問診や初期治療をする時代でした。それだけに生活像をしっかり捉えることが大事だったのかもしれません。けれどもそれは今日でも重要なことのはずです。わたくしは医学の現場を色々なところで見てきましたが、現代医学はある意味で、ＣＴやＭＲＩやエコー検査があるがゆえにデータに溺れてしまって、本当に患者が何を痛み、苦しみ、悩み、生活がどういう影響を受け、人生がどう変わっているかまでは診ない。ひたすら臓器や疾患だけを診る。そして処方を書いている。

原田先生が水俣病の患者の家にはじめて行ったとき最もショックを受けたのは、患者が差別され疎外され、家を閉じてひっそり過ごしているその貧しさでした。そこにまでに目を向ける医療者の姿は今日、ほとんど絶滅していると言っていいと思うんです。しかし、そこを診ないと本当の病像は出てこないし、水俣病の実態もわからない。原田先生は往年のステアリン医師と同じ姿勢で水俣病患者と向き合ったのです。

医療者に限らず現代の専門家は、システム化され組織化され、施設や様々な装置が完備されているなかで、データ化された人間しか見ないという傾向が強いです。そういう時代になっているわけですが、これは叙述法に関わってくることでもあります。いま病院や大学でカルテと看護記録を読みますと、非常にメディカルな病像やデータしか書かれていなくて人間像が立ち上がってこない。そういう書き方が日常化しているなかで、患者の生活像が立ち上がるように記録するということが次第に忘れられていると思うんです。

そういうことを考えていて、ふと思い浮かべたのが、大江健三郎さんが『ヒロシマ・ノート』(岩波新書、一九六五年)を書いたときの話です。大江さんは一九六〇年代に広島に逗留して、たくさんの被爆者の方、原爆病院のドクターたちに会い、聞き書きをとっていったのですが、そのなかには入院している年老いたご婦人がおられた。大江さんはそのお婆さんの被爆体験を熱心に聞いてメモを取り、夜、宿へ帰ってそれを書き起こして、翌日、本人のところへ持っていって読んでもらって、おっしゃったことのとおりに正確でしょうかと尋ねました。するとそのお婆さんは即座に「こんなんじゃない」と言う。「もっとすごかった」と。ご本人の言ったとおりに文字にしてもそうなのです。そこでまた聞き直す。帰ってさらに詳しく色々なことを書く。そして翌日また持っていく。そうするとお婆さんはやはり「こんなんじゃない」と言うんです。

ここには非常に重要な意味があります。人間が恐ろしいことを体験するとき、それは全身の体験です。身も心もすべてが危機に瀕して、さらされる。そして体験者の身体と心に壮絶なものが刻まれる。それを言語化するのは非常に困難なことです。特に小説家ではない一般庶民にとって、自分の体験を言語化するのは難しいことです。その人が持っている語彙や表現力の問題が絡んでいます。そのことがまず一つある。そして二番目には、言葉そのものが持っている限界がある。何か体験を話すためには言葉を使います。だけど言葉というのは、本来抽象化されたものです。「痛い」と言うとき、その痛みには色々な意味があるわけで、外傷的な痛み、やけどの痛み、あるいはもっとえも言われぬ全身の痛みなど、様々な痛みがある。しかもその痛みには、ショックから、精神状態から、不安から、様々なものが集約されてきている。そうすると、「痛い」と言っただけでも、その内実として個別的なものがいっぱい入っているんです。だから、それをただ字面として「痛い」と書いただけでは、本人にとっては「こんなんじゃない」ということになるわけです。

これは言語哲学でしばしば問題になることです。言葉というのは、表現したとたんに実態から離れてしまう。たとえば「バラの花」と言ったとき、それを聞いた人が思い描くバラについての実際の姿は千差万別です。ある人は恋人に振られたときに一輪のバラを贈られたことを思い浮かべるかもしれないし、ある人は病気の親を見舞ったときに持っていった黄色いバラ一束を思い浮かべるかもしれないし、ある人は自分の庭の花壇で育てているバラの花の咲き具合を思うかもしれない。「バラの花」という同じ言葉だけど、皆それぞれ思い浮かべる実態は違うわけです。ということは、誰かの表現や証言があったときに、そこから読む側が何を受け取るかというのは、個別性があって難しい問題なのです。そういうなかで、言葉で表現された、伝承や聞き書きといったものを共有していくことが時代とともに難しくなる。風化という言葉はまさしくそういうことに関わってくると思います。

『証言 水俣病』(栗原彬編、岩波新書、二〇〇〇年)という本が編纂されました。この本を手にして気付いたことがあります。それは、たとえば戦争体験や原爆体験については膨大な当事者の証言記録が編纂されてきました。関東大震災や東京大空襲などの被害に遭った人たちの生の声を記録する運動もたくさん行われ、本が出ました。ところが水俣病は戦後史のなかで最も重要な公害事件にもかかわらず、本当に被害者がみずから生の言葉で語った証言を編纂した本がいままでほとんどなかったということです。それだけに大変貴重な本であり、その中で語られることはとても重要なのですが、それをどの程度、われわれが自分の内面で受け止められるのか。これはまた別の問題として、非常に重要なテーマだろうと思います。

たとえば、この本の冒頭には水俣市月浦（つきのうら）生まれの患者、下田綾子さんのこんな証言が登場します。綾子さんの結婚前の姓は田中で、妹の静子さんと実子（じつこ）さんが五歳と三歳のときに水俣病を発病します。静子さんはすぐ亡くなりましたが、ご両親が亡くなってから実子さんをずっとケアしてこられた方です。

父母が亡くなってからは毎日、食事から何から全部、私と主人で面倒みていますが、そういう生活がもう一〇年以上つづいています。でも、主人がとてもよくしてくれるからどうにかできるんです。お風呂に入れるときも二人でしないとできません。もう手首なんか変形して内側に強く曲がっていますから、洋服を着せるのも大変です。食事も自分ではとれないですから、毎度毎度、口に運ばないといけなくて、一時間ぐらいかかって食べるんです。目はあまり見えないんですが、真っ正面だけは見えるので、私か、主人か、息子の嫁からしか食べないんです。他の人からは絶対食べませんし、知らない人がおったら、恥ずかしいという気持ちがあるのか一日中ご飯を食べません。それから大便も浣腸しないと出ないんです。（中略）

そんなだから、実子も何のために生まれてきたかですよね。ずっと重症のまま四〇年間生きてきて、治る見込みがあればいいけども、もう治ることもないし。四三歳になりましたけど、本当に生まれてきたばっかりのような状態ですよ。何もいいませんから、何をしてもらいたいと思っているのかも全部こっちの判断です。

スッと読んでしまうと、そうなんだ大変だなと思うだけなんですけど、これをもっとゆっくりと、一行あるいは一つの言葉に立ち止まりながら読んで、その生活の実像をイメージしてみる。本を置いて目をつぶって、その部屋の中でのご家族の情景を思い、そしてそれが自分だったらどうなのか想像する。自分がこの綾子さんの立場で、重症の妹さんをこうやって一〇年間ケアしている。食事は自分たちが食べさせないと、知らない人からは絶対受けつけない。お風呂入れるのも大変。着せるのも大変。それを毎日、朝から晩までやるわけです。自分がその立場だったらどんなに大変だろうか。しかし、だからこそこういう言葉が出てくるのでしょう。先の引用に続く部分です。

でも実子も、私が外から帰って来て声をかけるとやっぱり笑います。孫が保育園から帰って来て、声をかけたりしても笑うんです。「やっぱり嬉しかやねえ」ちいうとるんですけどもね。そして、何かわからないけども、もう本当に悲しいように泣くときもあります。やっぱりいろんなことを感じるんだと思うんです。

自分が当事者になったと思い浮かべ、そういうときに何が支えになるだろうかと考えてみる。すると実子さんが笑みを浮かべることがある。あるいは悲しそうに泣くときもある。そういうとき、本当に肉親として人間同士として、いうならば命が動いているというんでしょうか、生きている実感が支えとしてある。そして、一〇年、二〇年、三〇年と「生きている」という現実感のある日々が続くんですね。たったこれだけの叙述の中でも、大変な生活、大変な毎日、大変な時間が語られているわけです。一見、平凡で単純に見える叙述であっても、その奥に気の遠くなるような日々がある。このような読み方をしますと、わずか二〇〇ページの小さな本から、ものすごく重いものが伝わってきます。だからこそ、こういう読み方をすることが、想像力が欠如している現代においてとても大事なのではないかと思うのです。

今日、「想像力が欠如している」とはどういうことかというと、この複雑化し、めまぐるしく変容する社会の中で人間が生きている実態、現実、ありのままの姿、それらを想像し考える能力や姿勢が、現代人には欠落しているのではないかということです。専門職に就くとそういう傾向が強くなっていると思っています。特に医療分野や行政分野でそれを痛切に感じます。大学で医学を学び国家試験に通り、医師という専門職として病院で患者さんに対応する。すると、通常の風邪とかちょっとした怪我であれば、通り一遍の医療行為で済むのでしょうけど、難病やガンなど難しい病気に対応するときに時々破綻を示すことがあり、しかも医師本人はそれが破綻であると思っていない。

たとえば患者のガンが進行し末期になる。そういうときに医師は医学の専門家として、ある症状に対して薬を使いたいので、抗がん剤を使おうとする。しかし抗がん剤には当然副作用がある。抗がん剤を一概に否定するつもりはないのですが、医師が決して悪意ではなく、救命のために一生懸命抗がん剤を使ったり放射線をかけたりした結果、患者のほうは副作用で苦しんで、クオリティ・オブ・ライフが低下し、延命効果もなく亡くなってしまうということがある。動員できるだけの技術は使うけれど、使う場面において、患者という人間が一体どういう人生を歩み、最後にどういう最終章を書こうとしているのか、その人の内面で何が起こっているのか、何を求めているのか、家族の関係性において一体どういう形がいいのかということの全体像を、想像し捉えようとする姿勢なり視点なりが失われているのです。

こういうことを最近聞きました。ある亡くなられた患者さんの話ですが、ガンが進行してしまって、お医者さんに「なんとかもう少し楽にしてくれませんか、最後のターミナルケアというのをこの病院ではやってくれないんですか」と言うと、その医者は「私は技術者ですから。医者はしょせん技術者なんですよ。宗教家じゃないから、そこまでお付き合いできないんです」と答えたそうです。この話を聞いて愕然としました。患者の生活、人生観、精神生活といった問題について入ろうとしない、自分の技術の分野だけで関わろうとする、あるいはそういうところで人間の命というものを判断する。

脳死問題もそうだと思うんです。脳が機能を失えば人は死んだも同然という考え。ある大学で、脳死状態の患者さんを看護師さんが一生懸命ケアしようとすると、教授が「もうあれは脳死状態で、あそこにあるのは死体にすぎないんだ。生きている患者と同じようにケアをする必要はない。看護師も科学的な目を持たなきゃだめだ」と言ったという。だけどわたくし自身も息子を脳死で看取った体験から言えば、最期の、脳死状態だった一〇日くらいの間、実に濃密な、言葉にならない会話がありました。息子から何を読み取り、何を受け継いだらいいか、どう看取ったらいいか、自分の人生の意味は何なのか、そういうことをものすごく考える。人生一〇年分くらいの貴重な経験をするわけです。それをただ脳の機能論だけで、そこにいる脳死患者を単なる死体だと見て、患者と家族の関係性や人生やこころの問題を見ない。そういう医療者が出てきてしまうということ、そのこと自体に現代の本質的な問題があるのではないかと思うのです。

それでは想像力を耕すには、どうすればいいか。これは大変難しい問題ですけれど、やはり一つは、先ほど申し上げたように自分が患者の身になったらどうか、具体的に想像すること。そしてもう一つは、類似の体験が自分にはないかどうか考え、そこから類推して想像するということです。具体的には、たとえば世界で最初にホスピスを作ったシシリー・ソンダースというイギリスのドクターがいます。女性でもう八〇歳くらいの方ですが（二〇〇五年没）、一九九七年に来日した機会にお会いした際、非常に感銘を受ける話をたくさん聞きました。ソンダースさんはよく若い看護師や医師から、死にゆく人と対面できない、対話できない、なぜなら自分にそれだけの度量も経験もない、限界状況にある患者さんの前に立って話をすることができない、なにせ死は経験できないから理解できない、と言われるそうです。それに対して、ソンダースさんはこういうふうな答え方をしていると。「いや、それは難しいことではありません。どんな人でも、幼いころから人生の中で別れや喪失体験がある。小さいときにお婆ちゃんが亡くなったとか、あるいは小学校時代に転校で非常に寂しい思いをした、友達を失ったとか、あるいは思春期に失恋の悲しみがあったり、受験に失敗して挫折した悲しみがあったりとか、人間は色々なことを体験している。それは一見、小さいことかもしれないけど、自分を見つめる一つのモチベーションとして大事にして、相手も同じような心境にあるのだろうか、いやわたしはあの程度だったけど、この人はいま死というものに直面しているから、もっと一〇〇倍くらいつらく悲しく不安に襲われているかもしれないと考えてみる。そういう共通のシーンを少しでも思い浮かべようとして自分の内面を見れば、知らず知らずのうちに相手と対話する糸口が見えて、患者さんのそばから逃げようとしない自分が生まれてくるのです」。ソンダースさんはこう語られたのです。とても含蓄のある言葉です。

『証言 水俣病』の終わりのほうには、作家の石牟礼道子さんが聞き手となって木下レイ子さんの証言が出てきます。そこで木下さんは、こんなことをおっしゃっています。

そうですね。私はどっしても自分に置き換えて物事を考えるんです。戦時中にはもう、いやというほど怖いめにもあいました。田舎町でして、目の前の海に大きい船が避難して来れば、それに爆弾が落ちたりして、子ども心にも怖い思いをしてきました。「従軍慰安婦」の方々の新聞記事は、絶対最後まで読めません。原爆のことやら、ハンセン病のことやら、エイズのことやら、テレビも見ていられません。なぜなら胸が詰まって、私はどうすることもできなくなるんです。

水俣の苦しみがみずからの体に染みついた体験があるから、被爆者、ハンセン病患者、エイズ患者のことに触れただけで、自分の感情が同一化して、いてもたってもいられない気持ちになる。なにげなく日常生活を送っている者にとっては、そこまで感情移入、感情の同一化は起こらないまでも、やはり「その身になったら」「自分だったら」という視点を持つことが、想像力を耕すうえで非常に大事だし、これからますます科学技術が進むなかで、とんでもない過ちを犯さないために、いつもその視点に戻らなくてはなりません。専門家は特にその目が必要ではないかと思います。

わたくしは最近、具体的なキーワードとして「二・五人称の視点」の重要性を強調しているんです。一人称というのは自分本人、二人称というのは愛する家族なり恋人、三人称というのは友人・知人からまったくの他人まで第三者ですね。被害者や死にゆく人との関係性と意味づけは、人称によって変わってきます。本人は苦しむ人そのもの、一人称の当人です。二人称の立場の家族はその人を支えたり、みずからもそれに引きずり込まれ、辛苦の介護、死別後の空虚感など人生の苦難を迎えることが少なくない。医療者の場合は、たとえ悲惨な本人と家族を見ていても、やはり専門家というのは第三者ですから、患者が亡くなって相当心に痛手を負っても、たとえば一週間ごはんが喉を通らなくなるほどのことはない。もっと極端な例を言えば、アフリカで一〇〇万人が飢えて死んでも、われわれはその晩おいしくビフテキを食べられる。こういう関係が三人称です。

専門家というのは、自分の専門性ゆえに視野狭窄になって専門の範囲内で、法律はこうなっている、規則はこうなっている、行政の前例はこうである、医学的な診断結果や標準的治療法はこうであるという見方にとらわれがちです。医療は科学的でないといけないから、たとえば症候群的に言うとこれは排除しなくてはいかん、厳密に認定できるのは感覚障害のこういうところだけだとか、専門家はものごとを狭く狭くして判断していく。しかしそうではなくて、専門家は二人称の立場に寄り添わなければ、専門家としての技術、見識も本来は生かせないはずです。と同時に、完全な二人称になると感情移入をするあまり、客観的な評価や判断ができなくなるから、やはり客観性を持ち距離を置かなくてはいけない。三人称の客観性、科学性を維持しつつ、苦しむ人に寄り添いその身になって考えるというのが、「二・五人称の視点」でして、これからの専門家に要求されるとても大事な姿勢だと思うんです。冒頭で、水俣事件から何を学ぶのかということについて、事実をただ知識として受け止めるのではなくて、起こった問題から考えることが大事だということを話したいと申しましたけれど、その一つの提言がこの「二・五人称の視点」です。

最後に、ちょっと情緒的になりますけれど、一つ詩を、よく知られた歌の歌詞のパロディを読んでみたいと思うんです。三〇年あまり前（一九六〇年代後半）、若い人の間でずいぶん流行ったフォークソングに、谷川俊太郎さんの詩に武満徹さんが音楽をつけた「死んだ男の残したものは」という名曲がありました。その詩を借りまして、わたくしなりに次のようなパロディを作ったのです。最近、ある雑誌から、二〇世紀が終わるにあたって一〇〇年後に開くタイムカプセルにあなたが入れたいものを三つ挙げて下さいというアンケートがありまして、そのときわたくしが答えたのはネガティブデータを三つ入れたこのパロディだったのです。それは「焼けただれた弁当箱」と「脳の標本」と「カルテ一束」の三つでして、このように詠いました。

死んだ男の残したものは
原爆で焼けただれた弁当箱
他には何も残さなかった
言葉ひとつ残せなかった

死んだ女の残したものは
有機水銀に冒された脳の標本

他には何も残さなかった
子どもひとり残せなかった

死んだ子どもの残したものは
薬害エイズに奪われた人生のカルテ一束
他には何も残さなかった
笑顔ひとつ残せなかった

二〇世紀の犠牲者が残したものは
豊かさを求める人間の残酷
他には何も残さなかった
それでも希望という字は消さなかった

どうもありがとうございました。

高橋源一郎

三・一一と水俣病

こんにちは。ぼくはお話をする前にざっと会場を見回して、平均年齢を当てるのが得意なんです（笑）。近代文学の話をするときは、八〇代以上の人も多くて「近代文学は余命幾ばくもないな」と思ったりするわけです（笑）。さっき聞いたんですが、この会場は憲法九条に関する集まりもやることが多いらしいのですが、そういう場合も平均年齢が非常に高いです。憲法の余命がだんだん心配になってきますね（笑）。今日は、えーと、雑多ですね（笑）。ぼく今年で六一ですが、ぼくの母親くらいの方もいらっしゃいますし、子どもくらいの方、といっても今ぼくには八歳と七歳の子がいますので、さすがにその年齢はいませんが、いろんな方がいらっしゃいます。おそらくさまざまな所から集まって来られたと思います。

最初にそもそもぼくがここに来てお話をするということになった理由というか、きっかけについてお話ししてみたいと思います。ちょっとこれ脱いでいいですか（上着を脱ぐ）。これ祝島（いわいしま）のTシャツなんです。結構高いんですが、でもカンパのつもりで買いました。ご存じの方も多いと思いますが山口県上関町の祝島では、三〇年以上原発反対運動をしています。この話をするとそれだけで今日の予定時間終わってしまうので、詳しくはできないのですが。

ぼくは去年、初めて祝島に行って大変感動しました。島の人たちとも大変親しくさせていただきましたし。とにかく住民の方の平均年齢が非常に高くてうれしかった。この会場よりも高いと思います。七〇歳でもまだまだ若いとか、ぼくなんか子どもみたいなもんですから。なぜ祝島に行ったのかというと、もちろん三・一一があったからです。今回ここに招いていただいて「三・一一と水俣病」というお話をすることになりました。テーマもぼくが決めさせていただきました。ですから、変な言い方になりますが、去年の、三・一一といわれる東日本大震災と原発事故がなければ、ぼくが水俣病についてお話しすることはなかったと思います。三・一一という一つの事件を通じて、ぼくにとっては、福島と水俣がつながってしまった、ということになると思います。これを不幸な連鎖と考える見方も当然あるでしょう。でもぼくは、これはある意味では「よかった」と考えたいと思っています。それは、その事件が起こったことがよかったのではなくて、そのことを通して、いろいろなものが、いろいろな形でつながっていったことがよかったんじゃないかと思います。いろんなことがいろんな形でつながっていって物事がクリアになり、明らかになることがあるからです。

三・一一の直後、これはちょっとした事情で名前は言えないんですけれども、あるとても有名な、日本人ならたぶん全員が名前を知っているであろう大変有名なクリエイターの方が、あるインタビューで「ぼくはこの日を待っていた」とおっしゃいました。このインタビューは実はどこにも載っていません。さっきも言いましたが、たぶん日本でもっとも有名な人なので、そんなことを言ったということが表向きになっちゃうと大変だということで、この部分が載ることはありませんでした。

ぼくにはその方の気持ちがよくわかりました。この方は優れたクリエイターとしてただ単に作品を作るだけではなく、さまざまな社会的事件に対して鋭い発言をなさっています。ですから、その彼が、あっ、これで男とわかっちゃいましたけど(笑)、この日を待っていたというのは、おそらく、今までぼくたちが、なんとなく不満に思い、なんとなく不審に思い、なんとなくこのままでいいのかなと思いながら、それでも日々をなんとなく過ごしてきた。で、もしこのまま最後までたどり着いてしまえば、それはそれでよかったかもしれないけれども、ある日あの大きな事件が起こって、ぼくたちが生きているこの生活というものが、実はさまざまな矛盾、それからぼくたちが知らないところでたくさんの人たちの犠牲をもとにして行なわれていたということが、白日の下にさらされた。それがよかった、とその人はおっしゃったと思うんです。

ぼくも作家ですし、石牟礼道子さんの『苦海浄土』は読んでいました。ドキュメンタリー映画も見たし写真集も見ていました。水俣病というものが、近代日本が生んだ大きな病であり、その問題が解決していないこともちろん知っていました。けれども、そのことを毎日のように考えていたかというとウソになります。というか、たぶんほとんど考える日はなかったと思います。

確かに水俣病のことが報道されていた時期には、心を痛めて、そのことを考えていたこともあったと思います。しかし、みなさんもご存じのように、どんな事件も時が経ち、報道されることがなくなると忘れられます。もちろん、その地域の人たち、それに深く関わっている人たち、そのことについて深く考えている人たちは別です。けれども普通の人たち、この世に生きているほとんどの人たちにそれを望むことは、ぼくは無理だと思います。そしてそれはいけないことだとも思わないんです。ですから、ぼくはひとりの作家として、水俣病という悲惨な事件があって、それは終わっていないという思いもいつの間にか淡くなり、消えかかっていました。いい意味でも悪い意味でも自分の仕事をするのがまず第一でした。先ほども言いましたが、ぼくにも家族がいます。いま八歳と七歳の子どもがいて、生活の中心は彼らを育てることです。大変なんですよ、六一歳ですから。本来祖父の年齢なんですから(笑)。

この前ツイッターをやっていて、ある西の方の市の「維新」とかいう政治団体が作った教育条例というのがあまりにふざけているので、ご覧のように本来大変温厚な人間なんですけれど(笑)、「こんな子育てをしたことがない人間が作るような条例を作るくらいなら、鼻が詰まった赤ん坊の鼻水を口で吸い取れ」と書いたら(笑)、「そんなことを言うのはやったことがないやつだ」と言われました。もちろん、何度もやっています(笑)。鼻水を吸い取る器具があることぐらい知ってますよ、うちも使っていましたから。でも、いざというとき見つからないんです。そういうときはいきなり鼻に吸い付きますよ。なかなかうまく吸えないんですけど(笑)。

そういう日々を過ごしていた去年の三月一一日。地震があり、原発事故がありました。あの日からぼくの中で大きく変わったものと、それからもちろん変わらないところもあります。変わったところと、変わらないところを説明するのはとても難しいです。変わったところは、もちろん、今までとはちがって、原発問題を含むこの社会が抱えている問題について発言する機会が増えたことです。変わっていない点についていうと、実は考えていることはほとんど変わっていません。おそらく、それまでもぼんやりとは考えていたものが、今回は、くっきりと見えてきた。見えてしまった以上黙っていられない。たぶん、それだけのことだと思います。ここは別に原発問題について討論するところではありませんので、ここでぼくの原発に関する意見をみなさんに伝える必要はないと思います。けれども、みなさんご存じのように、昨日(二〇一二年五月五日)深夜をもって、日本の原子力発電所はすべて発電を停止しました。何十年かぶりに、この国に原発による発電が行なわれない時間がようやく始まりました。ぼくはこのことを、手を叩いて喜ぶほど単純ではありません。けれども、これはとても大切な時間だと思います。これからこの社会は何を一番大切にしてつくられていくべきか。経済的な合理性なのか、豊かさなのか。それとも、おそらく百年も千年も続くであろうこの小さな国が、百年先、千年先の人々に対しても恥じることのない生き方をすることなのか。どれが正義なのか、どれが正しいことなのか、ぼくにも今は判然と言うことはできません。しかし少なくとも今、それを考える一番いい時期であるようには思えるんです。

数日前、おそらくみなさんもお読みになったと思いますが、石牟礼道子さんと写真家の藤原新也さんの対談集『なみだふるはな』(河出書房新社、二〇一二年)が刊行されました。お読みになった方、手を上げてください。さすが多いですね、一万人くらいいらっしゃいました。そんなにいないか(笑)。これはとてもいい本です。ぼくも作家ですので、ひとの本をほめるのはシャクなんですけど（笑）、とても心打たれるものがありました。一言でいうと、これは福島と水俣の対話です。普通、対話というと、人と人がするものです。ここではもちろん、石牟礼さんと藤原さんという二人の優れた表現者、というか、二人の優れた生活をする人、二人の優れた、片っ方は根を張る人、片っ方は根がない人。そんなこと言ったら怒られるか（笑）。その迫真の対話が成り立っています。ここでテーマになっているのは福島と水俣。つまり三・一一と水俣病です。本の中でおっしゃっていますが、藤原さんも三・一一がなければこのような活動はしなかった。あるいは三・一一があるからこそ、石牟礼さんのところにたどり着いた。ぼくはこのことがとても大事だと思っています。

先ほども言いました。水俣病は近代日本のもっとも大きな事件の一つであるにもかかわらず、少しずつ風化していこうとしています。そこに本質的な解決があったわけではないことはみなさんもご存じのとおりです。そこへ三・一一という大きな事件が起こり、これはやはり近代日本一三〇年の中でも、もっとも大きい事件の一つだったとぼくは思います。そこで明らかになったのは、この一三〇年間、日本という国が、というか日本人が何を目指して、その結果何が起こったかということの証として、今回の事件が起こったということです。三・一一に触れて多くの人々が思い出したのが水俣病だった。最初にも申しあげましたように、たしかに三・一一自体は決して喜ぶべきことではなく、たくさんの死者があり、多くの避難民を今も抱え、大変悲劇的な事件であったにもかかわらず、そのことによってまた別に浮かび上がってきたものがあった。福島と水俣という二つの場所が、それぞれ光を発して結びついていった。そういった思いがします。

これは不思議なことなんですけれども、ぼくも三・一一以降に気づいたことがたくさんあります。これは本(『恋する原発』講談社、二〇一一年)の中にも書いてあるのですが、日本を代表する映画作家、宮崎駿さんに『風の谷のナウシカ』という名作アニメがあります。みなさんも多くの方がご覧になっているでしょうし、みなさん方がご覧になっていなくても子どもや孫は絶対見ています。あのアニメが作られたのは八〇年代の前半です。およそ三〇年前のことです。お話はご存じかもしれませんが、「火の七日間」といわれる恐ろしい戦争の果てに、世界中に恐ろしい毒のようなものがバラ撒かれた。そして世界は滅んでしまった。その毒を巨大な森が吸収して、それが胞子となって、あちこちにバラ撒かれている。その毒の森のことを宮崎さんは「腐海(ふかい)」と表現しました。当然、当時気付くべきだったんです。これは明らかに石牟礼さんのいう「苦海(くがい)」を、宮崎さん流に本歌取りをしたものだと。「苦しい海」

を「腐った海」と言い換えたんだろうと思います。そういうふうに読み換えますと、共通点がはっきりわかります。腐海のそばに住む住民たちは、その毒によって体が動かなくなったり、その子どもたちは次々に生まれすぐ死んだり、不具の子が生まれたり、手が石のようになったりします。明らかに水俣病を思わせるような描写もあります。また同時に、戦争、兵器によってバラ撒かれた猛毒と言えば、これは放射能ですね。つまり、三〇年前に宮崎駿は放射能と水俣病を結びつけてアニメの形で作っていたんです。これにはちょっとびっくりしました。ちなみに、この映画版はコミックの連載が始まって三年目にできているんですが、宮崎さんはさらにそのあと延々とコミックを描き続け、それが完成したのは一二年後です。ですから、映画版の八倍くらい長いコミック版があります。

そのコミックの方の話も大変示唆的なのですが、ここではすることができません。あまりに長大なので。けれど、少なくとも三〇年前に、近代が生んだ水俣病的な病毒と、核兵器、放射能をイメージの中で結び付けようとした作家がいたということは驚くべきことだと思います。というか、そういう考え方を持った人は彼だけではなかったのかもしれません。福島と水俣を結びつけることは、昨日今日始まったことではなく、実は、何十年も前にこの日本という国を憂うる人の中には自然に備わっていた感情だったのかもしれません。

『なみだふるはな』の対話の中で、石牟礼さんと藤原さんは、さまざまなお話をなさいました。その一つ一つをご紹介したいのですが、それはとてもできません。いくつか、これは今こそぼくたちが考えるべき問題だなと思われる箇所、それから、彼らの対談を前にぼくも考え、このことはとても大切なことではないかと思っていたところ、彼らもまたその話をしていた箇所について、少しお話しすることができたらいいなと思います。

これはぼくが無知かもしれませんが。ぼくが驚いたのはおそらく以前読んだ水俣病に関する文献に出ていたことなのかもしれませんが、今回の石牟礼さんと藤原さんの対談で初めて知ったことがいくつかあります。たとえば、チッソ水俣工場が最初にもたらしたのは「電気」だったということです。当時、まだ工場ができる前のことです。水俣は、日本の田舎がどこでもそうであったように、電気は通っていませんでした。最初にチッソが行なったのは、電気を通してあげるよ、ということでした。チッソの前身の会社が、熊本県境に近い鹿児島あたりに、発電所をつくって、送電線を通すということをやったそうです。

石牟礼さんは初めてお家に電気が通った日のことを話しておられます。三〇燭光、たぶん二〇ワットぐらいの電気ではないかと思います。今、電気屋さんでもほとんど売っていない一番弱い光。昔トイレなんかに使っていたような、かすかに光るくらいの明かりです。それももちろん、裸電球です。その光が、水俣の石牟礼さんのうちで輝いたとき、本当に感動したと。今ぼくたちは電気のある生活に慣れています。ちょっと暗いと、「暗いなあ」と思います。のどもと過ぎれば熱さを忘れるですが、三・一一の直後はずいぶんいろんな場所が暗かったですね。今でも暗い所があります。久しぶりに大学に行ったら、研究室のある棟の五階が真っ暗だったんで、「すごいな節電は」って言ったら、係員の方が「すいません。電気つけ忘れていました」って(笑)。なんだ節電じゃなかったのかって。こちらも、なんか節電だと思っちゃうんですね、一年前の三月の末に東京駅から新幹線に乗って京都に行ったんです。京都駅に着いたら「まぶしい」って思いました。「明るすぎる」って言ったら、「普通です」って。あのときは東京駅もものすごく明かりを消していましたから。今はもうほとんど元に戻っています。そして、もうそのことに慣れてきています。

石牟礼さんが少女だったおよそ八〇年前、今のぼくたちからすれば「これ明かりなの」という程度のほの暗い電気が、石牟礼さんには輝いてまぶしく見えた。それまでは菜種油に火を点けていた。うちも貧乏だった頃やったことがありますけれども、なかなか点かないんですよね。それにあれでは暗くて字は読めません。そこへ電気を持ってきてくれたのがチッソだった。対談の中で石牟礼さんの言葉の端々に出てくるのは、水俣では、チッソを、「会社」を憎めないという人、それに義理があるという人がいまだに多いということです。その淵源をたどれば、ただ単にチッソという会社が、その会社の生産物によって人々を養い、人々の暮らしを支えたというだけではなく、それ以前に電気をもたらしてくれたからです。

もちろん、会社は善意でやったわけではありません。化学工場としての必要性があって電気を通した。社員の住む町も含めて。けれどもそれとは関係ないところで、人々はそれに感謝したわけです。この行き違いのようなもの、齟齬、すれ違いは、石牟礼さんのお話の中にも、あるいは今までぼくが見てきた水俣病に関する文献の中にも、実は今回の福島の原発事故とそれを受け入れた近隣住民との間にもたくさんあります。

普通、ぼくたちは単純に「地元はお金が入って潤ったんだからいいだろう」と考える。でも、今回それがダメになって、「大変だね」と言いつつ「自業自得だよ」と思っている人もいるかもしれません。しかし何もない寒村に、唯一の産業として原発がやってきたら、どうか。水俣はある意味でとても豊かな、自然に恵まれたところです。ぼくが直接行ったわけではありませんが、青森県の六ヶ所村に行った友人が教えてくれました。「何もないって言葉があるけど、本当に何もないってあれだね」と。田んぼや畑にも適さない。海産物もない。本当に何もない。「いや、あれは、ぼくがあそこの住民だったら原発呼ぶよ」と。水俣とは真逆ですね。

それと引き換えに失うものがあったとしても、元々失うものがない人に「そういうものを招致して悪いだろうか」と言われると、ぼくはそれを単純に悪いとは言えないと思います。そのことで何が起こったのか。さっきも言いました。チッソという会社は国策にのっとって水俣に工場を作り、ああいう事件を引き起こしました。福島原発も国策にのっとって、あの土地に原発を作り、あの事故を起こしました。作った側には作った側の論理がある。第一に何と言っても、経済的理由で「それは仕方ないね」と。不思議なのは、住民が感じていたのが、経済的な恩恵以上の「恩義」だったということです。

さっきも言いました。チッソにとっては、工場敷設に必要欠くべからずものとして電気があったのかもしれないけれども、夜の闇におびえるしかなかった人たちにとっては、電気というものは文明そのものでした。おそらく与えた者が考えた以上のものを、人々は受け取ったんだと思います。これは福島でも同じです。つまり不思議な信頼感。というか、この人たちは自分たちのために何かをしてくれるんじゃないかというそこはかとない希望です。藤原新也さんは対談の中で、こういう考えを、近代国家創設時の第一次産業労働者独特の心の傾き、心性だと考えています。

みなさんもご存じのように、世界中で帝国主義の国家による征服が行なわれてきました。では、世界中の先住民たちはただ言いなりで虐殺されたのか。それだけではなかったんです。遠くから知らない人たちが、自分たちより遥かに強大な力を持ってやってきた。これは神様じゃないか、とみずから進んでそう思った場合も多かったのです。彼らを愚かだと言って切り捨てることは、もちろん、ぼくにはできません。ピサロやコルテス、帝国主義の尖兵となった占領者たちは、慈悲の心を持っていたわけでもなく、贈り物をしようと思ってやってきたわけでもありません。ただ占領される側の人たちが一方的に誤解をして、この人たちはいい人かもしれない、神かもしれないと思った。この悲劇はただ単に、数百年前の中南米やアフリカで起こったのではなく、近代の日本でも起こったんだ、というのが藤原さんの考えです。ぼくにもそれはよくわかるような気がします。

何もなかった暗い部屋に、電気の明かりが点いたとき、これは神様のたまものだと思ったのは、ぼくにも痛いほどわかります。だから、水俣の現地の人たちの多くが、チッソに義理を感じて憎めなかった。ですから、最終局面でいくつかの悲劇的な事件が起こります。みなさんもご存じかもしれません。交渉の過程で、向こう側（チッソ）は純粋に経済的に「何百万ですね」と割り切ってしまう。でも、もらう側は経済の問題を言っているわけではなかった。あなたたち（チッソ）はいったいどうしたいんですか、何をするつもりでこんなことをしているんですか、私たちをどう考えているんですか、という質問を返す。そのときに、福島の場合でも水俣の場合でも、この種のあらゆる公害事件で、あるいは訴訟の場で吐かれるセリフがあるわけです。「そのような文学的なことは理解できません」。「文学」という言葉が使われる最悪な局面ってこれなんです（笑）。

これはとても有名になってしまった例ですが、亡くなられた昭和天皇が「戦争責任についてどうお考えですか」と聞かれたとき、「私はそういう文学方面はあまり研究もしていないのでよくわかりません」と答えた。これはある意味で大変正直なお答えだったと思います。文学という言葉の概念の広さから、この発言は「複雑なことはよくわからない」という意味にも取れますし、「経済とかあるいは論理的な言葉とか、証拠とかそういったことは一切関係ない、感情や感覚や気持ちに由来することはわからない」というふうに取ってみると、「そりゃそうだよね。文学的なことはわかんないよね」ってなると思います。

しかし、ぼくが言いたいのは、というかおそらくこの対談の中で藤原さんと石牟礼さんがおっしゃりたかったこと、最後に残ることは、もしかしたら彼らが、あるいは私たちが言う「文学的なこと」なのかもしれないということです。つまり、原発の問題一つをとってみても、あった方がいいのか、ない方がいいのかを、経済の論理だけで、社会の論理だけで解決することはできません。よくいう、一〇万年後に人類が生きていて、一〇万年後にぼくたちが送り出してしまった放射性廃棄物を受け取る「彼ら」に対するぼくたちの責任は何か、というと、これはまさに文学的、哲学的責任というほかはありません。そういう意味で倫理は文学的です。いいじゃないですか、文学で(笑)。

ですから、ぼくたちはとてもとても長いスパンでものを考える必要があるように思います。石牟礼さんも藤原さんも決して若くはありません。っていうかぼくもですけど(笑)。ぼくは今年六一になりました。Tシャツなんか着ていますけど六一歳です。最近考えるのは、自分のことというよりも後から来る人たちのことです。これを経済的に言ってくれと言われても無理です。論理的にいうなら、自分が死んじゃったあとのことは知りません、というのがたぶん一番正しいですね。でも、そういう人は信用したくない。っていうか、そういう人が自分のお父さんだったらいやだな、と思うのがぼくの気持ちです。六一歳になって思うのは、できれば後から来る世代に、もう少しいいものを残したいという気持ちです。以前はもう少し抽象的な意味でそういっていました。作家ですから、だいたい自由気ままな人が多くて。ぼくもそうです。ある時期、これだけ人にいろいろなものをもらったんだから、そろそろ返さないと罰が当たると思うようになりました。あ、これもちょっと文学的ですね。罰なんて経済的用語じゃないですから。何かできることはないだろうかと思いました。いろいろあります。実際にお金を出してカンパするという方法もあります。それもやってみました。知恵を出す。経験を語る。若い人たちにはできないことをしてみせる。いろいろやり方がありますす。相手にしているのはどっちかというと、偉い人でもなく、今を満足している人でもなく、これから来る世代の人々に向かって、何かをできることがあるといいなと思うことです。

たとえば、今日最初からいっているように、水俣病というものを今の二〇歳に、彼らの心に伝えるように、伝わるように説明することは、なかなか困難だと思います。関係ないよ、っていうのがたぶん彼らの正直なところだろうと思いますし、それはまちがいではなく、とても大切なことだと思います。しかし、あの日以降、今の若い人たちもだいぶ変わりました。この変わり方はなかなか微妙で、これも一言ではいえないのですが、一つは、自分たちはただ漫然と生きているのではなく、実は生かされているのかもしれないという感覚が芽生えたように思います。それは環境であったり、経済であったり、人々のつながりであったのかもしれませんが、今まではなんとなく何も考えなくてもこのまま生きていけたのかもしれないけど、このまま何も考えずに生きていくと、とんでもないことが起こるような気がする、という漠とした不安感を持つようになった子が多いように感じます。彼らはいろいろなことを知ろうとしています。ぼくはできるだけ、事実というよりも、その事実についてぼくが考えたこと、ぼくがやったこと、そしてぼくがこうしたいと思っていることをいうようにしています。彼らとの間にコミュニケーションが成立すると同時に、福島は経験したけれども、水俣は経験していない彼らとの間に新しい水俣についての言葉が生まれたりします。それもとても大事にしたいと思っています。

この石牟礼さんと藤原さんの『なみだふるはな』という本の中で、「あっ、なるほど」と思ったことで、もう一つ、こういうことがあります。水俣では、憎しみというものはそれほど深くなかったのではないかと。これは藤原さんの言葉です。つまり、苦しみはあった。けれども多くの水俣病に罹られた人々が、やがて許しの気持ちへ変わっていった。しかし、藤原さんが会われた福島の多くの人たちは、今まで見たことがないような恐ろしい表情と同時に、憎しみの気持ちにあふれていた。それはなぜだろう、と考えて藤原さんがこんなことをおっしゃっています。

彼らは土地を追われた人だからではないだろうか。ご存じのように原発周辺二〇キロ圏内に、強制避難地域があります。彼らはそこへ戻ることができません。確かに、水俣の海は汚染されました。けれど、水俣の人たちは土地そのものを失ったわけではなかったのではないか。土地を失うこと、根を張る場所を失うこと。その恐ろしさを、かつてパレスチナを歩いた藤原さんは強く感じています。土地、自らが住む土地、生まれおちた土地。そこから、強制的に排除された人たちの憎しみを溶かすことはできないのではないかという思いです。ぼくたちは、パレスチナの話を聞くたびに、大変だな、残酷だなと思いつつ、でも、そういうことは日本ではないと思っていました。生まれた故郷を追われ戻れない難民ってなんて気の毒なんだろう。でも、福島で起こったのはそのことでした。国内に、国家によって、強制的に立ち退きを強要された人がいた。確かにそこには死者はいませんでした。けれども根を断ち切られることの苦しみを、どの程度、誰が知っているか。そのことを指摘されるまで、ぼくもうかつにも気付きませんでした。

最初の話に戻ってしまうんですが、水俣と福島を結びつけることによって、ぼくは、何らかの形でポジティブなメッセージ、希望に近い言葉を語れたらいいなと思っています。もちろん、安易に語ることは決してしてはいけないことですが、ぼくは作家であり、作家というものの本性上、どうしてもどこかでポジティブなメッセージを語りたいという気持ちには逆らえません。最初に祝島の話をしました。ぼくの中では、福島、水俣、祝島は結びついています。それは、とてもいい意味で結びついているんです。ご存じの方も多いですが、祝島は三〇年間原発反対闘争をやったあげく、どうやら原発は建てられないまま終わりそうです。史上初の勝利した反原発闘争です。おじいちゃん、おばあちゃんの粘り勝ちでした。なぜ、それが可能だったのか。土地があったからです。ぼくは島に行っていろいろな方とお話ししました。反対運動をやっている方がおっしゃっていましたが、離島だったからこれができたんだと。もし、本土に自分たちがいて、周りから様々なものを送り込まれたら、たぶんダメだったろう。フェリーで三〇分もかかる孤島なんです。しかも、自給自足ができる。三〇年の苦しい闘争そのものを楽しい日常に変えながら、いま祝島は実は人口がちょっと増えつつあるそうです。これがすごい。支援に来た人があまりにも素晴らしい場所なので住み着いてしまう。こんないいところなら住みたいって。閉鎖されていた小学校が六年前に再開されて、いま七人くらい生徒がいるそうです。もう都会と逆です。面白いことを言っていた人がいました。三〇年前、島の人口は二〇〇〇人だった。いま四〇〇人です。確かにどんどん人口は減っています。しかし、実は二〇〇〇人いたころ、魚の獲りすぎで漁獲量が減っていたんです。いま、四〇〇人になって魚もたくさん獲れるし、この人口なら自給自足ＯＫになっちゃった。いま、祝島の未来は暗くないんだ。そんな風にいわれて、びっくりしました。

福島、水俣は日本の近代化の一つのモデルです。この国は、一三〇年かかって田舎をなくそうとしてきました。近代化とは田舎をなくすことです。そのことによってみんなが豊かになるはずだった。しかし、その結果残ったのは、惨憺たる荒れ果てた田舎と、環境の悪い都会です。もしかするとぼくたちは、これを取り戻す作業を始めなければいけないのかもしれません。失敗は失敗として、そこから得るべきメッセージと知恵を取り出し、できうるなら過去の失敗よりも未来の成功に目を向けたいと思っています。そのためのモデルもあるだろうとぼくは思います。祝島だけではなく、小さくなっていく社会。どこか、自分にふさわしい社会に根を張ること。そこで自分のやるべきことを見つけること。そこに住む人たちの声に耳を傾けること。たくさんやることはあるだろうと思います。起こったことは仕方ありません。それを起こした人を責める必要がないと言っているわけでもありません。けれども、ぼくたちに必要なのは、その中から必要な知恵とメッセージを取り出して未来の世代に向かって発信していくことのような気がします。

水俣病はいい意味でも悪い意味でも終わっていない問題です。おそらく三・一一から始まる福島の問題も五〇年、もしかしたら一〇〇年続く問題かもしれません。ぼくたちはその意味で近代一三〇年の果て、最大の曲がり角に立っていると思います。そこでどんな世界をつくろうと考え、どんなメッセージを発するか。これをもう一度、自分の家に、自分の心の中に持ち帰り、再発見する作業をするべきなんでしょう。いや、するべきという言い方はよくないですね。ぼくはそうしたいと思っています。みなさんもそれぞれの場所で、それぞれの仕方でなさってくださるとうれしいです。

今日はどうもありがとうございました。

中村桂子

水俣から学び生きものを愛づる生命誌へ

私は水俣病に、深く関わりあってきた者ではありません。おそらく会場にいらっしゃる皆様の中には、私よりも深い関わりを持ってこられた方がいらっしゃると思います。ただ私は、水俣病に関して直接仕事をすることはできないけれど、今の時代を生きる人間としてはどうしても考えなくてはいけない、そこから学ぶことがたくさんあると思ってきました。私と同じ思いの方は大勢いらっしゃるのではないでしょうか。そのような普通の人の一人として、水俣への思いを申し上げたいと思います。

私は小学校四年生のときに太平洋戦争が終わったので、社会全体が貧しいところから少しでも豊かになりたいというなかで育った世代です。大学は理科系に入り、化学を選びましたが、一九五九年(昭和三四年)に卒業する頃は、水俣病のことも知らずに、とにかく自分たちの力で豊かな社会をつくろうという若者の一人でした。ただ、大学三年生のときにDNAを知り、試験管の中の化学反応よりも生きものの中の化学が面白いと思うようになりましたので、大学院では化学を基本にしながら生きものを扱う「分子生物学」という分野へ入って、技術とは関係なく、基礎研究をしていました。

基礎研究とはいえ、科学は豊かさにつながる、社会に対して役に立つことをやろうという気持ちは持ち続けていました。ところが、ちょうど一〇年くらい経って七〇年代近くになりますと、科学を勉強している若者にとって、「えっ」と思うようなことが世の中で少しずつ起きてきました。六七年に公害対策基本法ができます。これは水俣病、新潟水俣病、イタイイタイ病、四日市ぜんそく、この四つをきっかけに、国が公害という言葉を使って対策を定めた法律です。今では公害とは言わず、環境基本法という名前になっていますが。それから六九年には国連で「地球について考えよう」というアースデイが始まり、七二年には国連人間環境会議が開かれます。ここで「環境」という問題が出てくるわけです。それまでは環境などということを考えずに、物をどんどん作れば豊かになってよい社会になるとみんなが思っていたのですが、環境を考えなければいけないという視点が七二年に公になってきます。"Only One Earth"「かけがえのない地球」という標語がこのとき使われました。私たちが住んでいるこの地球は、汚してしまったらおしまいなんだということがここで初めてわかる。それから七二年になるとローマクラブが「成長の限界」、つまりずっと成長することなどできないという指摘をしました。そして七三年には、これらの動きとは関係ないのですが、オイルショックという具体的なできごとが起きた。普通の人にはこれが一番大きな影響を与え、当時はトイレットペーパーがなくなるなどで大騒ぎでした。科学を進めるなかにいる人間としては、こうした一連のことがらに大きな衝撃を受けました。ただ物を作ればいいわけではない、どう考えたらいいんだろうと。しかし何をしたらよいのかは全然わからずにいました。

そのときに、教えを受けていた恩師の江上不二夫（えがみふじお）先生から大切なことを教えられたのです。江上先生は生物化学の分野の権威でいらして、一九七〇年に東大を定年になられたのですが、そのときに突然、ある言葉をおっしゃいました。それが「生命科学」です。今では皆さん日常的に聞いていらっしゃると思いますが、この言葉は一九七〇年に江上不二夫先生がおつくりになった言葉です。私たち弟子がそのときに先生から伺ったお考えは今でもとても大事なことだと思いますのでお伝えします。それまで社会は高度成長を求め、科学はそれを支えることに一生懸命だったわけです。けれども、そこで「公害」「環境」という問題が出てきた。それに対して研究者はどうしたらいいのか。こんなことを起こすような科学はやめてしまおうという選択もあるのかもしれない。しかし、科学という知は大事なので現在の科学のありようを考え直そうというのが、江上先生の選択でした。そこで生命科学という学問をおつくりになって、特に三つのことをおっしゃいました。

第一は私たち研究者にとって大事なことです。生物学はそれまで植物学、動物学、微生物学と対象によって分かれていました。それから遺伝学、生態学などの分野にも分かれていました。ところが当時ＤＮＡの二重らせん構造が解明され、ＤＮＡを持っている細胞という切り口で見れば、あらゆる生きものの共通性が見えてくることが明らかになってきました。そこで、「生命とはなんだろう」「生きてるってどういうことだろう」ということを考える学問が可能になってきたのです。生きものを研究する学問を総合するということです。「生命とは何か」を問う総合的な科学をつくると、そこで何が起こるか。生物学は蝶もネズミも研究しますが、対象はお猿さんまでです。生物学の研究対象に人間はいません。けれども「生命科学」になったら生きものとしての人間も研究対象になります。生きものとしての人間、それをヒトと呼びますが、それを考えることになります。これが二つ目です。今の私たちにとっては当たり前のことですけれど、これを聞いたとき、私ども弟子たちは本当にビックリしました。新しい考え方です。

そしてもう一つ。これが今日のテーマと関係するのですが、公害が起きているという事実に眼を向けようということです。江上先生は水俣病のことを話してくださいました。水俣病は、ご存じのように有機水銀を海に流したために起きた災害です。当時の科学技術者は「海は水だ」と思っていたわけです。不知火海も太平洋までつながっているわけですから当然薄まると思って流していたのです。ところが海は水ではなかった。中にプランクトンがいたりお魚がいたりして、プランクトンが体に入れた水銀を小魚が濃縮し、その小魚の水銀がまた大きな魚で濃縮され、それを食べた人間に戻ってきてしまったのです。江上先生はこのとき、海は生きものの世界なんだ、生きものの世界であれば食物連鎖があり人間に戻ってくるのは当たり前。でも科学者も技術者もそうは考えなかった、そこが問題で、それは私たち生物学者の責任だろう、とおっしゃいました。生物学が社会の役に立っていないからそういうことが起きた。生きもの全部のことを考え、人間を生きものだと考え、そして水俣病のようなことが起きないような科学技術を考えて、生きるということ、生きもの、生命を基本にした社会をつくる。そういう科学を始めようと、一九七〇年におっしゃったのです。残念ながら、今でもまだこれは現実になっていません。でも私は、これは本当に見事なコンセプトだと思います。新しい価値をつくっていこう、人間を大事にして考えようというのが、一九七〇年の日本で始まった生命科学です。

ところで、歴史または時代はとても興味深いものであり、同じ年にアメリカで「ライフサイエンス」という学問が始まります。アメリカはそれまでアポロ計画に主力を注いでいましたが六九年に月着陸に成功しました。すばらしい成果ですが、地上の人間にはあまり役に立っていない。役に立つプロジェクトを始めようという動きになったのが七〇年です。アポロ計画を始めたケネディが亡くなったということもあって、ニクソン大統領がそれに替わってガンとの闘いというプロジェクトを立てます。当時ガンは原因もよくわからない怖い病気でしたからそれへの挑戦は大事なプロジェクトとして評価されました。先ほど申しましたようにそれまでは生物学は人間と関係のない学問でしたが、DNAのはたらきが解明されてきましたから、生物学と医学をドッキングさせた新しい分野としてライフサイエンスをつくったのです。その後開発された遺伝子工学などを用いて医学を一〇〇パーセント科学技術にしていく。そういう学問をアメリカがつくりました。それを進めるためには倫理が必要だということで生命倫理という分野をつくることも含めた新しい動きが七〇年にありました。「ライフサイエンス」を日本語にすると「生命科学」ですが、この二つの中身はまったく違うのです。

一九七〇年から今までに四〇年以上経っているわけですが、その間、日本の生物学、生命科学研究はどう進んできたかというと、医学や科学技術と結びついたアメリカ型の研究になっています。おそらく皆さんも「生命科学」とお聞きになると、ほとんどが医学を科学技術化した研究を思い浮かべられると思います。私はこの研究が不用だなどと言うつもりはありません。ただ、それだけで、人間を生きものの一つと考えて社会に眼を広げる「生命科学」の大切さを忘れてよいのだろうかと思うのです。私の先生が提案されたコンセプトでもあり、私はこれがどうしても必要なことだと思っていたので、「生命科学研究所 Life Science Institute」という形でどんどん広がっていくアメリカ型の大きな生命科学に対して、「生命誌研究館 Biohistory Research Hall」という小さな場をつくりました。江上先生がおっしゃったように生きもののことを考えない技術だったから水俣病は起きたのだという視点を大事にする、生きているということをよく見て、生きるということを考える、生きもの研究のための場です。「生命科学」がアメリカ型になってしまうなかで、生きものとは何かを基本から考え直し、「生命誌」という言葉を使った新しい分野を一九九三年から始めました。そこで考えているのは、「人間は生きもので自然の一部である」ということです。

それを具体的に表現したのが「生命誌絵巻」です(図1)。生きものの歴史と相互のつながりを扇の形で表しています。扇の向かって右端はバクテリアです。その他さまざまな生きものを描いています。地球上にはなんと多様な生きものがいることか。とにかく多様な生きものがいるということがまずここで示したいことの一つです。これらの生きものたちをよく見

図1　生命誌絵巻(協力：団まりな，絵：橋本律子，提供：JT 生命誌研究館)

なければいけない。ただ、先ほど申しましたように、どの生きものもＤＮＡの入った細胞でできていますから、生きものたちの祖先は一つで、この多様な生きものたちは、皆そこから進化してきたと考えられます。生きものたちは、人間も含めてすべて、三八億年前に地球で生まれた小さな細胞をもとにしてできている。だから人間だけが特別ではなくて、基本的に他の生きものと全部つながっている。ところで普通、生きものの図を描くとき、バクテリアを下に描いて虫けらはこんなところだ、だんだん上に上がると立派になっていき、最後が人間という感じに、縦に描くのですが、絵巻きではバクテリアも虫も人間もみんな扇のかなめ（生命誕生）から等距離に描いてあります。みんな同じです。「地の低きところを這う虫に逢えるなり」（石牟礼道子作）というのが今日の講演会の全体テーマですけれども、科学的には、虫だけではなくみんな同じだということが明らかです。そして、生物学を基本に置いた技術を考え、人間の社会を考えるときに最も大事なことは、人間がこの扇の絵の中にいるということなのです。水俣についてもこれを基本に考えなければなりません。

水俣病の発生が公式確認されてからもう六〇年になります。では、それ以後、社会が生きることを大切にする方向に改善されたかというと、私たちはいまだにたくさんの問題を抱えながら科学技術社会を生きています。その大きな原因は、人間がこの絵巻の外にいると思っているからだと思います。実は他の生きものたちと一緒に中にいるのに、自分たち人間だけは違うと思っている。環境についての意識が高いことを示す言葉として「地球にやさしく」という言葉を聞きますけれど、それは絵の外から見ている言葉ではないでしょうか。絵の中にいると自覚しているなら、そうではなく、地震などさまざまなことを含めて地球にやさしくしてもらいながら生きるんだ、それが先ほどの「人間は生きものであり自然の一部である」ということの意味です。これは現代生物学がはっきりさせている意味です。これを基本に置いて社会をつくっていきたいというのが私の願いです。

今普通の家庭にあるテレビ、電気冷蔵庫、炊飯器などは私の中学高校時代には日本の家にはほとんどありませんでした。そういうものはすべて、私が大学を卒業する頃から普及し始めました。私たちは今コンピューターなどさまざまな機械に囲まれて暮らしていますけれども、身近な機械のほとんどは二〇世紀の後半にできたといってもよいでしょう。そのような生活を実現するには原子力発電所で作るエネルギーや大量生産を支える技術が必要でした。科学技術開発による経済成長を進めてきたのが、おそらく二〇世紀の特に後半の社会でした。私たちはそれが当たり前と思っています。そのなかで水俣病も起きたのだと思うのですが、やはり基本は命です。そして命を支えているのは水ですから、水俣病が教えてくれることは水と命を一体化させた見方です。水俣は火（エネルギー）と機械の時代から命と水の時代への転換の必要性を教えてくれているのです。私たちは技術を考えるときも、社会制度をつくるときもそのような見方をしなければなりません。

生命科学から生命誌へという流れの中で生き方を考えてきた私にとって、水俣が仕事の原点にあります。ただ、水俣病も水俣という土地も、自分の仕事の中で簡単に関わりあうことのできる対象ではありません。ですからそれはできないと思い、自分の中ではずっと水俣を大事にしてきましたけれども、水俣へうかがうこともせず、水俣病に関する仕事もできずにいました。

ところが二〇〇六年、今から一〇年前ですからちょうど公式確認から五〇年経ったときに、水俣の患者の方たちがおつくりになった「本願の会」から、水俣で五〇年の会をするので来ませんかというお誘いがあったのです。びっくりしました。水俣について書かれたものを読んではいました。緒方正人さんが長い長いご苦労の中で「チッソは私であった」とおっしゃるところにまで達していることに驚きさえおぼえていました。そして、皆さんが現実を見て、よく考えたうえで活動していらっしゃることを素晴らしいと思っていました。その緒方正人さんが生命誌という考え方を勉強してくださって、「あなたの言っていることと僕が考えていることは重なっている」とおっしゃって、本願の会に誘ってくださったのです。そのときは、本当にどうしてよいかわからない状態でした。「嬉しい」という言い方を許していただけるのでしょうか。「これだけ考えてきたことがつながっていたんだ、認めてくださったんだ」という気持ちで、初めて水俣へうかがいました。

どんな所だろうとドキドキしながらうかがったのですが、本当に美しい所でした。静かな海と山がありそこには蜜柑がたわわに実っていて、なんだか不思議な気持ちでした。ここが水俣なのかと。本当に美しい場所でしたから。そこで緒方さんや吉永理巳子(よしながりみこ)さんとご一緒してたくさんのお話を伺い、初めて水俣という所を知ったのです。そこから少し勉強をご一緒させていただこうと思って水俣フォーラムにも入れていただいたというのが私の水俣との関わりあいです。緒方さんがこの間おっしゃっていました。水俣の海は水銀の影響だけではありません。海ですから気候が変わるとそこにいるお魚が変わるわけです。このごろは気候不順のせいか今まで獲れていたお魚がいなくなってしまった。それを緒方さんは「もう魚たちが嫌気がさして、天に昇ってしまったんだろう」とおっしゃいました。とても心に響く言葉でした。

そんな体験もあり、やはり水と命の時代にしたいという気持ちはさらに強くなりました。機械と生きものを比べますと、機械は「便利にしよう」「同じにしよう」としています。一方生きものは、「続いていこう」「さまざまでいよう」となります。「いろいろな形で続いていこう」ということです。私はやはり「人間は生きものである」ということをこれからの社会の基本にしたいと思います。機械は早くて、手が抜けて、思い通りにできて、新しいものができる。そういうものでなければいけない。けれども生きものは、過程に意味があるのです。結果ではなくて過程です。「生きている」ということこそ過程そのものです。みんな一人一人が生きていることに意味があるのであって、何を行なったかということは一つの物指しで比べるものではありません。生きものはまた、古いものとずっとつながっています。皆さん全員が三八億年の歴史とつながっていて、そのつながりは切ることができません。そして、「何かわからない」ところのあるのが生きものの特徴です。このような生きものに近い価値観で社会をつくっていきたいというのが私の願いです。

先ほど申しましたように、今も科学技術とエネルギー開発をどんどん進めており、しかもそれが市場経済のなかで歪められ大きな格差を生み出しています。江上先生が提唱された

「生命科学」を進めていたらすぐにお金は儲かりません。そこで医学医療のなかで新しい薬を次々とつくる方が「生命科学」だとなってしまいます。それが今の市場原理と科学技術を重んじる社会だと思うのです。でも、人間は生きものであることをやめるわけにはいきませんし、自然の一部なのです。私は科学技術を否定するつもりはありませんし経済も大事です。けれども、三八億年続いた「ヒト(生命)―自然」の関係を捨てることはできません。実際、市場原理と科学技術の部分だけで考えたために、水俣病などの地域での被害から地球環境問題にいたるまでが起きて、「ヒト(生命)―自然」の世界を壊してしまったわけです。私たちは自然との関係の中にいるのですから、それを壊しては生きていけません。

今申し上げたのは、いわゆる環境、つまり外の自然の破壊ですが、実は私たち自身も自然なのです。ですから自然を壊す行為は私たち自身を壊します。つまり体と心を壊します。現代社会は人間の破壊をやっているのではないでしょうか。ここで考えている心は、具体的には「時間」と「関係」です。やたらに忙しがり、関係を断っていく生活は心を壊します。自然は普段はやさしいものです。水俣も本当に美しい自然です。日常でもお花が咲いていれば心が和みます。そういうものももちろん自然ですが、しかし自然は怖いものでもあります。今も熊本で大変なこと(二〇一六年の熊本地震)が起きています。このような自然の力の大きさを考えているなかで、東日本大震災のときに学んだことがあります。地震などで自然が、市場原理と科学技術で築かれた人間の世界を壊すわけですが、そのときその世界に原子力発電所があったがために破壊はより強力になり、しかも放射能汚染などで自然の破壊をより大きく、しかも回復の難しいものにしてしまったのです。こういう体験から、私たちは市場原理と科学技術の世界だけで生きることはできないことをはっきり知り、自然との関わりを常に意識する必要性を教えられました。

水俣病については、日常的な辛さ苦しさから眼を離すわけにはいきません。しかし一方で、水俣病だけでなく原子力発電所の問題、自然災害への対処の仕方、そういう全体、すべてのことを考えるために、私たちは世界観を持たなければいけません。私は先ほどの扇で描いた生命誌絵巻の世界のように、地球上のいろいろな生きものたち、日常的には蜘蛛や蝶などの小さな生きものたちと向き合って学ぶところから得た世界観を持っており、これも絵にしました（図2）。私たちは日常この図の右側に描いたような生活をしています。山も畑もありますが、自動車が走り、コンピューターを使う日常。これが現代社会です。ここにお母さんと坊やがいて鏡に映っていますが、私が今日申し上げたのは、実はこのお母さんと坊やは裸になればお猿さんの隣にいる生きものとしてのヒトだということです。三八億年前に小さな細

図2　生命誌から生まれた「世界観」――ヒトとしての「私」，人間としての「私」
（提供：JT生命誌研究館）

胞が生まれ、そこからずっと進化して、途中には、恐竜も蝶もいます。そしてお猿さんが生まれ、そのお猿さんの仲間から進化して二本足で立った生きものが森を出て、ピラミッドを造るなど技術を駆使し、コンピューターまで作ったわけです。エコロジーを主張なさる方の中には左側の生活を主張なさってそこだけで生きようとおっしゃる方がありますが、それは無理です。鏡の前に立つ自分と、鏡の中に映った自分、人というのはその両方を持っているということを考えて、あらゆるシステムを作り直していったらどうだろうと思っています。

そのなかで私が最も大事にしている言葉を聞いていていただいて話を終わりにしたいと思います。このような問題を考えるとき、一番基礎に置いているのが「愛(め)づる」という言葉です。「虫愛づる姫君」というお姫様が一〇〇〇年ほど前の京都にいらっしゃいました。紫式部や清少納言と同じ頃の京都にいらした大納言のお姫様です。このお姫様は虫が大好きで、男の子たちに集めさせてはその虫に名前をつけます。それらを手にのせて可愛がります。毛虫が特に好きでかわいい、かわいいと言うものですから、両親はそんなことをしていないで早くお嫁に行きなさいと言いますし、侍女は汚いからお捨てなさいと言います。ところがこのお姫様はこう答えるのです。この毛虫はしばらくするときれいな蝶々になる。蝶々になったらみんな「あらきれいね」「かわいいわね」と言うでしょ。でもそれはすぐ死んでしまう儚い命です。そして、本当の生きる力はこの毛虫の方にあるのではないかと主張します。健気に生きている姿を見たらこんなにかわいいものはない。見かけがきれいという話ではありません。生きている姿をよく見てください、とおっしゃるのです。それが「愛づる」です。

　科学は西洋から入ってきたものであり、日本人は物まねばかりしてきたといいますけれど、実は日本人の中には自然をきちんと見つめて、生きるということをよく考えていたお姫様がいらしたのです。私はこれこそ科学の原点だと思います。そういう目、そういう考えが私たちの中にあったのです。ですから、科学や技術を否定するのではなく、むしろ私たちが本来持っている「生きていることを愛づる気持ち」を科学の中に活かすことが大切なのです。水俣病で苦しんでいらっしゃる方たち、それからこのたくさんの遺影の中にいらっしゃる方たちが「それならいいよ」と言ってくださるような科学を進めて、科学技術を生んで、そういう社会をつくっていくこと。それを進めていくのが、私がここ(遺影を示して)にいらっしゃる方たちに対してできることではないかと思います。実はこれはとても難しいのです。宇宙の方がわかりやすいし、ニュートリノやＤＮＡはある意味では扱いやすい。科学にとっては「人間の大きさ」を扱うのが一番難しいことなのです。生命誌を始めてからももう二十数年経ちましたし、水俣フォーラムにも入れていただいて考えながら、そんな科学をつくりたいという願いは持っていますけれど、なかなか難しいです。でも、私自身も考えていきたいと思いますし、若い仲間たちも一緒に考えてくれていますので、私たちにできることをやっていきたい。そんな気持ちでおります。

今日は日頃の思いを聴いていただいて本当にありがとうございました。

若松英輔

語らざるものたちの遺言——石牟礼道子と水俣病の叡智

数年前から、数か月に一度ほど石牟礼道子さんのところにお邪魔しています。多くの場合は仕事ではなく、彼女の話を黙って聴いていることが多い、そんな訪問です。

長いときは三時間半ぐらい一人でずっとお話しになっています。話は、幼い日に水俣で暮らし始めたときからの思い出なのですが、まるで数年前のことのようにありありと語るのです。水俣という街は、自分たちの誇りだったというお話をゆっくりしてくれます。水俣病事件は、もっとも信頼し、もっとも誇り高き者が、もっとも残虐に裏切られた事件だったのだということを、おっしゃりたいのではないかと思うのです。

裏切られたと感じるとき、そこには信じていたという事実が、必ず存在する。水俣病事件は、私たちに、裏切りの罪深さとともに信じるということの意味を教えてくれている。信じる者が愚かだというのではありません。信じる者を裏切るということの先に、どれほどの痛みと苦しみが生まれるのか、を教えてくれています。

しかし、私たちはこうした経験をもう必要としていません。むしろ、二度とあってはならない。そのためにも、私たちは今だけでなく、過去をしっかり見ることが不可欠なのだと思います。

『苦海浄土　わが水俣病』を初めて手にしたのは一六歳のときです。本を手に取ったそのときに、この一冊を読み終えたら自分の人生が変わってしまう、という強い感覚に襲われたのを今でもはっきりと覚えています。

古書店の軒先に並べてある文庫本で、値段は一〇〇円でした。この本は、今も手もとにあります。私はこの本をなかなか読み通すことができなかった。通読できたのは東日本大震災のあとです。

出身が新潟で、第二水俣病、新潟水俣病のこともあって、若い頃から石牟礼道子という名前はいつも傍らにありました。恐怖と畏怖がまじりあったような心持ちで読み始め、そして止め、途中まで読み、また止める、ということを繰り返していたのです。

東日本大震災は、さまざまな意味で眠っているものを露呈した出来事でした。原子力発電所は、地震が起こる以前から危険だった。地震が起こってそうなったのではありません。地震が隠されていたことを露わにした。

原発だけではありません。私たちがあまりに目に見える、物質的なものを中心に世界を作り過ぎてきた事実を強く、烈しく突きつけられた。大変多くの人が亡くなり、多くの人が悲しみを経験した。しかし、この国は、それに「がんばろう」という声をかけようとした。何と理不尽なことだったろうかと今も思います。

悲しみ、痛み、苦しみ、そしてその奥にある情愛、慈しみ、慰めは、目に見えない。そうしたことと、どう向き合うのか、私たちは今も真剣に考えなくてはなりません。目に見える問題と共に、目に見えない問題と向き合い続ける、それを実践したのが水俣病運動であり、そこで、重要なはたらきをしたのが石牟礼道子さんの文学でした。

石牟礼さんと会っていると、彼女に言葉を託した人々の存在を強く感じることがあります。「石牟礼道子」という名前は、個人の名前であるとともに、語らざるものたちのおもいを宿した集合的な精神の呼び名でもあるように思われます。『苦海浄土』は、石牟礼さんの作品でありますけれども、彼女に言葉を託した、語ることができないまま死んでいかざるを得なかった人々の著作でもあります。

この作品が大宅壮一ノンフィクション賞に選ばれながら、石牟礼さんは辞退したことを皆さんご存じだと思います。理由はいくつか考えられます。作品の様式が、いわゆる「ノンフィクション」ではないということ、そして、何よりも大きな理由は、彼女があの作品を自分のものだと感じていないことだと思うのです。

石牟礼道子を『苦海浄土』の作者であることから救い出さなくてはならない、というようなことを書かれている人がいます。おっしゃりたいことはとてもよく分かります。『椿の海の記』(河出文庫、二〇一三年)をはじめ、彼女は優れた作品をほかに幾つも書いています。『苦海浄土』の作者というだけで石牟礼道子への理解を終わりにしてはならない、という重要な指摘です。

しかし、この指摘を受けて、あえて別なところから問い直してみたいのは、私たちは現代という時代に生きて、『苦海浄土』が描き出す水俣病を、本当に見つめたのか、ということです。

「水俣病は終わっていない」と水俣病運動で大変重要なはたらきをした医師である原田正純さんは言った。人間が語らないまま亡くなっているわけですから、この問題に「終わり」が来るはずがない。この厳粛なる事実を私たちは、いつも嚙みしめていなくてはならない。世の中には始まって終わる問題と、決して終わらない問題がある。水俣病事件は終わりのない問題です。水俣病事件を、物事を忘れやすい現代という時代から救い出さなくてはならないようにも感じるのです。

水俣病運動は、未来的要素を大変多く含んだもので、そこからは、のちにふれる「水俣学」という新しい知も生まれています。それと同時にそれが、歴史的運動だったことも見過ごしてはならないと思います。

ここで「歴史的」というのは、過去と深い交わりのなかで進展、深化した、ということです。水俣病事件を前に石牟礼さんは足尾銅山鉱毒事件に帰っていきます。田中正造をはじめとした人々がどうこの事件と向き合ったのかに深く学んだ。

水俣病は、まったく新しい公害病で、現象的には新しいことのように映る、しかし、それを生んだ人間の強欲、被害者の苦しみは本質的には何ら変わらない普遍的な出来事である、という自覚が石牟礼さんをはじめ、運動に連なった人々にあったのだと思います。もちろん、私たちも東日本大震災後の日本を考えるとき、水俣病事件との対話を機に歴史に帰っていくことができる。

今日は石牟礼道子さんだけではなくて、石牟礼さんと共に活動した人々の言葉を皆さんと考えてみたいと思います。

最初にご紹介したいのは砂田明さんです。皆さんもご存じだと思いますが、『苦海浄土』

の世界を描き出した「天の魚(いお)」という一人芝居を続けた人物です。
これから読む文章は、砂田さん本人の著作から引くのではありません。染織家の志村ふくみさんの随筆からの引用です。志村さんは石牟礼さんとは四〇年来の親友でもあります。志村さんは、「一九七九年四月、招魂の儀において亡き人々にこう呼びかけた砂田明さん」という言葉を添えて次の一節を引いています。

水俣病は、もっとも美しい土地を侵したもっともむごい病でした。そのむごさは、まず力弱きもの――魚や貝や鳥や猫の上にあらわれ、次いで人の胎児たちや、稚な児、老人達におよび、ついに青年壮年をも倒し、数知れぬ生命を奪い去りました。生きて病みつづけるものには、骨身をけずる差別がおそいかかりました。そして、大自然が水俣病をとおして人類全体になげかけた警告は無視され、死者も病者もうち捨てられ、明麓の水俣はふかいふかい淵となりました。……(「生類の邑すでになし、砂田明さんの死」『ちよう、はたり』ちくま文庫、二〇〇九年)

水俣病は、弱いものから傷つけられた、というのです。それは石牟礼さんの言葉を借りれば、人間だけでなく、ほかの生き物、「生類（しょうるい）」全体に及ぶものだった。亡くなった人も多くいた。生き残った人々は、病苦だけでなく、差別という別の苦しみを背負わなくてはならなかった。世の中はだまったまま逝った死者たちの存在を認めない。自然の恵みを豊かに受けていた美しい場所だった水俣は、闇に覆われる空間になってしまった、というのです。

この一節は、水俣病とは何かを考えるとき、大変重要な示唆を与えてくれています。この事件を私たちは、生者の、人間の視座だけで考えてはならない。死者たちの、あるいは生類の眼を持たなくてはならない。生者の眼、人間の眼だけでは、水俣病運動の本質にふれるには、あまりに不充分なのだと思います。

さて、今日（二〇一六年五月四日）の会場は東京大学の安田講堂です。この大学は、日本における「公害学」の誕生に決定的な役割を担った宇井純さんが、一五年間にわたって自主講座を行った場所でもあります。宇井さんは、かつて、ある企業に勤めていて、自分で水銀を垂れ流した経験がある。このことが直接的に水俣病と関連しているのではありませんが、彼は、水俣病の加害者となり得る立場にいたことがあるという自覚とともに水俣病運動にたずさわった。

公害に第三者は存在しない、と彼はいいます。中立である、という者は、無意識のうちに加害者に加担している、というのです。

近代という社会は、自ら手を下した記憶がなかったとしても、暗黙知に私たちを加害者の立場に追い立てる。また、私たちは被害者を哀れむような立場から考えてはならない。共に生きる社会を作れるか否かが問題と彼は考えている。

壇上には、水俣病で亡くなった方たちの遺影があります。これらの写真は水俣展に行っても見ることができる。「見る」というよりも「会う」というほうが私には近い感じがします。水俣展に行くとこれら写真の前で、一人ひとりに何となく語りかけます。名前も、顔も、知らなかった人ですが、各地でこうしたことを繰り返していると、どこかで会ったことのあるような気になってきます。

先ほど水俣フォーラムの実川悠太さんが、水俣病患者という人は存在しない。一人ひとりの人間がいるだけだ、とおっしゃいました。本当にそうなのです。誤解を恐れずにいえば、水俣病という病気すら本当は存在しない。存在するのは、それを苦しむ一人ひとりの人間だけです。

ですから私たちは、水俣病を考えるときに、耐えがたい試練を、個々の生ける者が背負っていることを決して見過ごしてはならない。そして、そういう人は、今もいることを忘れてはならないと思うのです。

石牟礼道子さんの『苦海浄土　わが水俣病』にも宇井純さんが登場します。宇井純という名前でも「富田八郎」という名前でも。これは「とんだやろう」と読む、宇井さんの筆名です。

今は亡き思想家への敬意を表すのは難しくありません。その言葉を読み、それを受け止めればよい。宇井さんは、東大で公害の自主講座をやり、そのこともあって研究者としては冷遇され、苦しい立場にいたこともあった。しかし、そうしたところから見えてくる本当のものもある。彼の文章を少しご紹介したいと思います。

業病、奇病として恐れられ、蔑まれた患者の社会的な生活の一端をかいま見た私にも、五六年から今日までの患者の差別された苦しみを想像することは全く不可能であった。ましてー刻たりとも忘れることのできない水俣病症状の病苦を認識するには、メチル水銀を飲んで自らも水俣病となるほかには道がないのではないかとさえ思う。私たちが水俣病の症状について語ろうとするとき、口が重くなり、言葉が出なくなるのはそのためだ。公正なる第三者、すなわち決して被害者の立場には立とうとしない人々に、水俣病の認識が根本的にできないことが明らかではないか。（「現場の目 通り抜けた明るさ」『原点としての水俣病（宇井純セレクション1）』新泉社、二〇一四年）

水俣病は、人から語ることを奪うことがある。身体機能として語ることができないということだけでなく、語ることができない苦しみと悲痛を強いる。そのことを深く認識することから始めなくてはならないというのです。

語り得ないものに遭遇し、語ることの意味が、消えそうになったところから語り出さなくてはならない。自分は語り得ないものに出会っている、という認識から出発しなくてはならない、と彼は感じている。

現代は、さまざまなところで意見が求められる時代です。人は、考える前に語ってしまう。宇井さんはそこに「否」を突きつけている。宇井さんは、沈黙のはたらきをよみがえらせようとしているのかもしれません。語られざる苦しみの声を沈黙のうちに聞き取ろうとすること、また、沈黙と向き合うことなく意見を語り続けることで、人はあやまちを繰り返す、と警鐘を鳴らすのです。

次は原田正純さんの文章をご紹介したいと思います。原田さんのことは、先にもふれた「水俣学」を提唱した人です。水俣学とは何かをめぐって書かれた原田さんのとてもいい文章があります。彼は「水俣学とはまだ模索中で定義も形もない」、定義することは不可能だと述べ、こう続けています。

ただ言えることは、これはまさに人間の生きざまの問題であって、机の上の話でも宇宙の話でもない。そして発生から今日までの水俣病との付き合いのすべての過程が水俣学である。水俣病の背景を明らかにすることが水俣学である。水俣病事件に映し出された社会現象が水俣学である。水俣病事件に触発されたすべての学問のありようが水俣学である。いのちの価値を中心に弱者の立場にたつ学問が水俣学である。専門家と素人の壁を超え、学閥や専門分野を超えて、国境を超えた自由な学問が水俣学である。既存の枠組みを破壊し、再構築する革新的な学問が水俣学である。(『金と水銀――私の水俣学ノート』講談社、二〇〇二年)

何かについて知るということと、何かを知るということは違う。人は自分の手を濡らすことなく、海について知ることはできますけれども、海を知ることはできません。何かについて知るということは、何かを知るということから遠くなることかもしれません。

もちろんこのことは水俣病においてもいえる。水俣病研究は進んできましたし資料はたくさんあります。しかし、そういうものをたくさん読めば水俣病を知ることができると、もし思ったら、人は、同質の過誤を必ず繰り返すことになるのでしょう。「終わらない」というのと同じように、「知り得ない」という自覚が生まれないかぎり、歴史の本当の姿は浮かび上がってこないのだと思うのです。

砂田さんや宇井さんや原田さんは、いわゆるアカデミズムの世界で活躍した人ではありません。宇井さんは大学に勤務する研究者でしたが、アカデミズムの中心から少し距離を保ったところで活動した人です。石牟礼さんも、もちろんそうです。こうした人々に率いられた水俣病運動の歴史を眺めていると、定説となった知識というのは、しばしば現実を見えなくするのかもしれない、と感じることがあります。

世の中の人は知識が足りないからものが見えないと思いがちです。あまり水俣病のことを知らないから、水俣病のことが理解できないという。もちろんそういう側面があるのは否定しません。しかし、それとは別に知識しかないから、見えなくなってしまう場合もあるように思います。

たとえば、水俣病を有機水銀と健康被害という概念でのみ考えるとする。そこで明らかになるのは、ある因果関係であって、語られざる悲しみではありません。それは立証できないどころか存在すら確認できないかもしれない。

ここに「水俣学」が誕生する契機があるのではないかと思います。それは、知性と理性と感性、さらには霊性を包含した統合的な叡知の営みを志向するものです。そこには科学も哲学も文学、芸術、宗教学すら入ってくる。

水俣病事件をめぐって発せられる切実な言葉は、単なる知識の積み上げではありません。むしろ、知性の独走を許さないという深い反省から生まれている。水俣学は私たちに、頭だけで読むのではなく、もう少し違うはたらきを目覚めさせることを求めてくる。

ここで考えてみたいのは、『苦海浄土』にある「魂」をめぐる一節です。「杢太郎」という少年がいて、彼は水俣病のために話すことができず、日常生活にも大きな不自由があって、祖父が日々、介助している。次に引くのはその祖父の言葉です。

杢は、こやつぁ、ものをいいきらんばってん、ひと一倍、魂の深か子でござす。耳だけが助かってほげとります。

何でもききわけますと。ききわけはでくるが、自分が語るちゅうこたできまっせん。

言葉を発することができないから、その分だけ魂が深い、というのです。こうした魂の深みにある何ものかをすくいあげること、それが石牟礼さんの試みだった。先の一節の少し先には次のような一節があります。

なむあみだぶつさえとなえとれば、ほとけさまのきっと極楽浄土につれていって、この世の苦労はぜんぶち忘れさすちゅうが、あねさん、わしども夫婦は、なむあみだぶつ唱えはするがこの世に、この杢をうっちょいて、自分どもだけ、極楽につれていたてもらうわけにゃ、ゆかんとでござす。わしゃ、つろうござす。(「第四章　天の魚」『苦海浄土』)

杢太郎少年だけでなく、彼と共に生きている人たちの悲痛と嘆きがある。ここにあるのは教典なき「宗教」の世界です。もっとも高次な意味での霊性の世界です。

霊性という言葉は聞きなれないかもしれません。それは人間が、人間を超えた存在を希求せずにはいられない本能ともいうべきはたらきです。『苦海浄土』を宗教文学だというと違和を覚える方もいるかもしれませんが、この作品は、新しい宗教、新しい霊性の姿を示しているように思われます。

演壇の後ろにある遺影のなかに坂本きよ子さんという人の写真があります。私が石牟礼さんのところに足繁く通うのは、彼女と、きよ子さんの話をしたいからでもあります。きよ子さんは水俣病で若くして亡くなるのですが、彼女の存在は、文筆家石牟礼道子に多大な影響を与えている。きよ子さんをめぐって、石牟礼さんがこんな文章を書いています。次の一節は、きよ子さんのお母さんから聞いた言葉を、石牟礼さんが書き直したものです。

「きよ子は手も足もよじれてきて、手足が縄のようによじれて、わが身を縛っておりましたが、見るのも辛うして。

それがあなた、死にました年でしたが、桜の花の散ります頃に。私がちょっと留守をしとりましたら、縁側に転げ出て、縁から落ちて、地面に這うとりましたですよ。たまがって駆け寄りましたら、かなわん指で、桜の花びらば拾おうとしよりましたです。曲った指で地面ににじりつけて、肘から血ぃ出して、

「おかしゃん、はなば」ちゅうて、花びらば指すとですもんね。花もあなた、かわいそうに、地面ににじりつけられて。

何の恨みも言わんじゃった嫁入り前の娘が、たった一枚の桜の花びらば拾うのが、望みでした。それであなたにお願いですが、文(ふみ)ば、チッソの方々に、書いて下さいませんか。いや、世間の方々に。桜の時期に、花びらば一枚、きよ子のかわりに、拾うてやっては下さいませんでしょうか。花の供養に」(「花の文を――寄る辺なき魂の祈り」『花びら供養』平凡社、二〇一七年)

昔の日本人は「美し」と書いて「かなし」と読んだ。「かなし」というのはいろんな書き方があるんです。「悲し」も「愛し」も「美し」も、「かなし」と読んだ。不思議ですが、本当に悲しいということは、同時に美しい。じつに不可思議です。耐えきれないほど苦しくて、悲しいのに、私たちはそこに切ないほどの美をはっきりと感じることができる。

石牟礼さんはきよ子さんのことを、さまざまなところで書いています。『苦海浄土』の第二部『神々の村』の第一章「葦舟」にも記されていますし、石牟礼さんが編纂した『水俣病闘争 わが死民』(現代評論社、一九七二年)という水俣病運動をめぐる証言集のような本があって、その「「患者家族紹介」抄」のなかにも「花びら拾う娘の幻」と題する一文があります。これも合わせて読んでみていただくと、水俣病事件との親密な関係を築く契機になるかもしれません。

また、よろしければ講演が終わったあと、遺影のなかから、きよ子さんを見つけてくださるとありがたく存じます。そして、それと同じ思いで、ほかの一人ひとりの方の存在を感じていただけるとなお、ありがたく思います。

先だって、短い期間に別々にですが、石牟礼さんと緒方正人さんと会う機会がありました。そのとき、それぞれとお話ししたのは、一人でいることでした。

緒方正人は、漁師として生活していますが、大変優れた思想家です。思想家は、思想を宿し、思想を生きる人です。思想を体現すればよいわけですから、必ずしも思想を研究する必要はありません。夏目漱石の『こころ』に出てくる「先生」も、自分を「私は貧弱な思想家ですけれども」と自らのことを語っています。

緒方さんには『チッソは私であった』（葦書房、二〇〇一年）と題する主に語り下ろしを中心とした著作があります。水俣病運動とは何かを考えるとき、見過ごすことのできない一冊です。

ある日、水俣病闘争に従事していた緒方さんを、自分もまた「もう一人のチッソ」であるという自覚が襲います。「襲う」は比喩ではなく、彼はこの啓示のような出来事を境に生活を大きく変えることになる。そこでの日々は本当に壮絶なものでした。その経緯が記された本です。

それまでは、被害者である自分が加害者である水俣病の原因企業であるチッソを告発する、という立場で行動してきた。しかし、現代社会に生きて便利さを享受する生活を送っている以上、自分もまた加害者の輪のなかに取り込まれていることに気が付く。彼は内なる悪の存在に気が付く。この本はそれとの闘いの記録でもあります。

この出来事は緒方さんの内発的な自覚です。彼はそれを誰かに強いるようなことはしません。しかし、その意味をさまざまなかたちで表現しました。チッソの前で、一人で座り込みをしたり、木製の舟で、不知火海から東京へ向かうということもしています。

石牟礼さんも、本当に何かを変えようと思ったら、一人でなくてはだめですね、と語っていました。彼女にとって書くという行為は、一人で行う闘いだった。人は、一人であり続けるからこそ、横にいる人と手を繋ぐことができる。本質的に一人でいるから他者の悲しみ、苦しみをいくばくかこころに写しとることができるのではないでしょうか。

現代の私たちは、何かをなそうとするときに集まろうとする。デモを行うときなどがそうです。もちろん、ここにも意味がある。しかし、人が集まるときには二つの集まり方がある。「群れる」か、「集う」かです。

「群れる」とき人は、「私」を失います。だからとても汚くて乱暴な言葉も平気で使う。しかし「集う」ときは個であり続けますから、他者ばかりか、自分を不用意に傷つけるようなことはしない。砂田明さん、宇井純さん、原田正純さん、石牟礼道子さん、そして渡辺京二さんだってみんな一人で立ち上がり、そこで人々と出会い、共に行動した人々でした。水俣の叡知とは、高い意味での孤独の叡知だといえるように思います。

最後に、せっかく東大に来たので、宇井さんの文章を読んでみたいと思います。

一九五九(昭和三四)年の夏、水俣病の原因として有機水銀説が発表され、続いて十一月初めに全国紙の社会面にかなり大きな見出しで水俣病と不知火海の漁民乱入事件の記事がのるまでは、私はこの病気の存在を知らず、その重大さにも気づかなかったことを告白しなければならない。（『公害の政治学——水俣病を追って』三省堂新書、一九六八年）

宇井純さんが信頼できるのは、こういう文章を誠実に書いているところです。彼は、自分が水俣病に目を閉ざしていたことを繰り返し書いています。そして、気づくことのできなかった自分との対話を続けるのです。彼は、先の一節にこう続けます。

その後、思うところがあって会社をやめ、大学院の受験準備をしていた私に衝撃を与えたのが有機水銀説だった。かつて私自身が水に流したことのある水銀から、こんな恐ろしい病気が起こる可能性があるのだろうか。私はこの疑問を抱いて、加害者としての立場から調べ始めた。（傍点原文）

「加害者としての立場」とは、単に人を深く傷つけたということを意味しているのではないと思います。それは、可能なかぎり「わがこと」として水俣病事件と向き合ったということのように感じられます。

人生のなかで、大切な人を喪った経験をお持ちの方もいると思います。そういう人は、亡くなった人のことは忘れません。「わがこと」だからです。

人の人生は、時計で計ることのできる「時間」と、時計では決して計ることのできない、もう一つの「時」というべきものがある。

水俣病事件は、時間と時、二つの次元において、深くその跡を残している。私たちは現実問題としての水俣病事件と、そして過ぎゆくことのない水俣病事件の両方を考えていかなくてはなりません。

今日の催しは、黙禱から始まりました。黙禱というのは、こちらから亡くなった方におもいを届けることでもありますが、私たちが黙ることで、亡き人々の声を聴くことなのかもしれません。水俣病事件を考えるときに、今私たちが求められているのは、自分のおもいを届けることだけではなくて、語らざるものたちの声を聴くことなのではないかと思うのです。

奥田愛基

呪いたい社会でも命を祝福したいから

こんにちは。ＳＥＡＬＤｓ（自由と民主主義のための学生緊急行動）の奥田愛基といいます。まず初めに、自分なんかでいいのかっていう思いがすごくありまして。しかも一時間近くも。お受けしようと思ったのは何かできることがあればってくらいの気持ちでしたけど、今日（二〇一六年五月五日）は覚悟して来ました。

昨年夏、国会前で毎週デモを行っていましたから「なんでここで奥田が話すんだ」「安全保障は関係ないだろう」と思われるかもしれません。しかも、最近は選挙というかなり政治的な呼び掛けをしてます。ただ、ＳＥＡＬＤｓとして活動するなかで大事にしたいと思っている「私」とか「個人」、一人の人間、奥田愛基として、今日は言いたいことを言おうと思います。それが（この場に）合っていなかったら、間違った人選だったことにしていただけたら（笑）と思います。

僕は、映像やこの写真（遺影）を見てもすごく圧倒される、痛いんです。じっと見つめていると、何か心にくるもの、気持ちが揺さぶられるものがあって。

ＳＥＡＬＤｓでは、スピーチ中に泣いたらクビっていうルールが、半分冗談ですけどあるんです。涙もろいヤツがいるんですよ、僕とか。なので、この話したら泣いちゃうから、クビ覚悟で来ているんですけど。

今日の（全体テーマの）言葉、「われもまた人げんのいちにんなりしや」（石牟礼道子作）。一人の人間として生きてもいいんだというか、一人の人間なんだと認められないことはしんどいんです。生きてていいのか分からないって思いながら生きていくのは惨めでつらいんです。水俣病とは関係ない文脈だけど、僕もこの言葉につながっていると思いました。

今日お配りしたプロフィールに「いじめが原因で転校」ってあるんです。こうストレートなのは初めて（笑）ですが、そうです、いじめられていたんです、僕。

北九州という街で育ちました。北九州も公害がありましたから、学校の昼休みの放送とかで、昔どのような公害があったかってよく流れたんです。あとは人権問題がどうのこうのみたいな。みんながワーとかキャーとかやってる楽しい給食の時間に、誰も聞いてないんですけど、流れていたのをぼんやり覚えています。北九州でも地名が病名に付いていないだけで本当に（大気汚染による呼吸器疾患の）健康被害もあったんです。北九州は最近でもＰＭ２・５とか黄砂が来て窓や車がザラザラになって、本当に空が黄色くなるんです。それを小学校の窓からぼんやり見て、「今、中国で何が起こっているんだろう」と思っていました。

豊かな社会を支えるために、空や森、川や海が、そして人が汚染されている。いまだにこういうことが起こっているのかって、小さいながら感じていました。近代化のなかで、グローバルスタンダード化された僕たちがつながっていくなかで、とっても便利になりました。僕だって今、iPadを見ながらしゃべっています。けどこれにも、Made in Chinaって書いてある。

最近知ったんですけど、iPadやiPhoneなどの電子機器に必要なレアメタルって、設備が整ってないなかで採掘したり精製すると、人体や環境にすごく悪いんです。もちろん、基準を作って環境に配慮している会社もあります。しかし、コスト削減のために、まだ基準のない別の所がそれを繰り返しているそうです。この話を聞いたときは「ウッ」ってなったけど、次に思い出したのは新しいiPhoneを買った後でした。

近代社会は複雑で、気付かないうちに自分が被害者でもあり加害者でもある。ここから逃れられないことが、僕にはずっとしんどかったんです。今もしんどい。緒方正人さんが来られているんでちょっと恥ずかしいですけど、小学生のとき父親の本棚に『チッソは私であった』(葦書房、二〇〇一年)という本がありました。父親に「チッソの社長の本かな」って(笑)聞いたら、「違うよ、読みな」って言われました。

僕の父親がずっとホームレス支援をしていたこともあって、地元のことを思い出すと、その人たちを思い出します。北九州はホームレスの人が多くて、路上で普通におじさんとかが亡くなっていく。ある人は日記に「おにぎり食べたい」って書いて、独居老人として亡くなりました。「闇の北九州方式」なんて言葉があったぐらい役所が出し渋ったり、色々理由があって生活保護を貰えなかった。その人には家があったんですが、ホームレスという問題は単純に家がないって話じゃないんです。ハウスがなかったらハウスレスじゃないですか。でもホームって いうのは家族、その関係がない。その人の存在が認知されてない。「おにぎり食べたい」って家族にも誰にも言えなかった人がいた。

僕が小学四年生のとき、ある人が老人ホームで恋に落ちて、七〇歳くらいだったけど、たぶん大恋愛だったんでしょう。それがきっかけで問題起こして追い出されてから、どこ行ったか分からなくなってしまって、父親は捜し続けていました。

何年か捜して、たまたま僕と夜の見回りをしているとき見つけたんです。その人、耳がすごく悪くて、何言っても「あーん」としか返事しなかったので、しょうがないから父親が、「死んだらあかん。一人じゃない。電話しろ」みたいなこと書いて渡しました。次の日、警察から電話がかかって、そのおじいさんが電車事故で亡くなったと。それで父親と一緒に遺体を確かめに行きました。何の身寄りもなく死んでいくんです。何で電話がかかってきたかというと、轢かれたとき、荷物がバンっと散らばって、「死んだらあかん」って電話番号を書いた紙があったと。自殺だと思っていたけど、電車の音が聞こえなかったようでした。

遺体を前に親父もすごく落ち込んでいたんですけど、その「死んだらあかん」っていう紙がなかったら、誰だか分からないまま路上で死んで、氏名不詳っていう墓標で無縁仏になる。それは、人間が人間として扱われていないようで、すごくしんどかった。

まだ小学生だから家族と並んで寝てるんですけど、その夜、自分に違和感があるんです。何で僕は布団で寝られて、何であの人は路上で死んでいかなきゃならないんだろうって。そう思うと、なかなか寝られなかった。自分とその事実を分けられなかったんです。

中学になると、なかなか殺伐とした世界が広がっていて、社会に向いた心がつらくなってきました。北九州って、いまだにヤンキーが多いんですけど、そんな中にいて助け合いや路上生活のおっちゃんたちが気になるようでは結構苦しかった。学校や塾で生きていくには空気を読んで、いい暮らしするには受験勉強してって、ずっと言われてきた気がします。いまだに覚えているのは、社会はこれから保てなくなるから「強い人になれ」「社会に頼るな」

と言われたことです。だからちゃんと学校行って、いい大学入れと。

中学で（同じ福岡県出身の）ホリエモン（堀江貴文）のビデオ見せられて、「こんな立派な方になりなさい」って（笑）。生き残るためには人に頼らず、自分でなんとかするしかない。それは僕が見てきた光景とは違うけどリアリティがあった。「そうか、片や路上で死ぬ人もいるけど、片や何億円も稼いでニッポン放送買う人がいるんだ」と。

そういうのに合わせて生きようと思ったけど、なかなかなれなくて、だんだん無視されたり、いじめられたりするようになる。だけど、なんでいじめられているか分からないんです。僕自身うまく説明できなくて黙りこんでしまう。学校に行くとお腹が痛くなる。病気とも違うし、「気のせいじゃないの」ってずっと言われてたんです。親にも言えなかった。親はいいとこの大学出てて、「学校行けないなんてありえない」って感じだったんです。「助け合い」とか言っている親が自分の息子のことになると、結構普通なこと言うんです（笑）。

学校で無視されるのはすごくきつくて、話しかけても返事がないから、そこに自分がいるのかどうかも分からなくなるんです。教室の中で見られてるのも、ものすごくつらかった。習字の時間に「名前書いて」って言われるんですけど、自分の名前にコンプレックスもあって、字が汚かったんです。それでみんなに笑われる気がして、見られるのがイヤだから自分になったりして。

の字が書けない。教室にイヤな空気があって、それが吸えないような気がして、逆に過呼吸

それで、だんだんストレスが増えてきて、学校に行こうとするとお腹が痛くなったり、涙が出てきたりする。大声出して親を怒鳴ったり、「もうダメだ」ってぐらい、自分は重症なんだけど、どんなに傷ついていても見た目は分からないんです。それで部活の後、僕はおでこを何回も壁に打ち続けて、大きな傷ができた。帰ったら当然心配されるし、学校でもどうしたのって話になります。たぶん「こんなに傷ついてる」ってみんなに言いたかったんでしょう。だけど言えなくて、「転んだ」って言ったんです。やっていることと言っていることが、もはや支離滅裂。結果、友だちにもバカにされただけで誰にも伝えられなかったんですけど。

初めは学校に強制的に連れて行かれていたんですけど、あまりにも病んで、あまりにも声を出さなくなるから、ついに学校に行けなくなった。そうしたら、先生たちが「どうした」と見に来るわけです。初めは全然話ができなくても、ちょっとずつ話せるようになってくる。でも、学期末に配られた年間報告書か何かに「北九州市のいじめはゼロ件」と書かれていた。親身になってくれていると思っていた先生たちのことも分かんなくなりました。自分が無視

されたようで。「いない」って言われるのは……、とってもつらいんです……。気付いたら毎日死にたいって思っていました。

二〇〇〇年に北九州で西鉄バスジャック事件っていうのがあったのを、すごく覚えています。「ネオむぎ茶」っていう(ハンドルネームの)子が中学のときにいじめられてて、進学校に行くんだけど学校に行けなくなって、最後は無差別に人を殺す。そんなヤツの「もう、この社会なんてどうでもいい」って気持ちが分かる気になる。社会で無視されて死んでいく人もいる。どうやっても、そのしがらみ、グレーゾーンから逃れられない。みんなみたいに普通に笑って生きられない。だったらみんな殺して、この社会をメチャクチャにして終わらせるか、自分が死ぬしかない。このモヤモヤを終わらせて白黒はっきりさせるには、そうするしかないと本気で思ってた……。

ヤバイ、泣かないはずだったのに……。こりゃクビになるな……。

そういうメチャクチャな事件起こすヤツの気持ちがすごく分かったんです。「いじめゼロ件」と書かれて、自分の存在が分かってもらえないようで。そんな自分が生きてていいのか、しかもここから逃れられない自分も加害者かもしれないって、ずいぶん悩みました。それでも生きていくって選んだのか、選ばされたのかよく分からないけど、気が付いたら生きていされてきた。いろんな人をたくさん傷つけたし、親にも「死ね」って何回も言ったし、でも生かされてきた。

最近になって思うんですけど、この社会の中で傷ついている人がいて、自分がもしかしたら加害者になるかもしれなくて、それを恐れて自分が死んでしまうとか塞ぎ込んでしまうのは、すごい上から目線だって思うんです。中学のときの自分って神様みたいな視点から物事を考えていたんだと。自分の思いどおりにすべてうまくいかせるか、いかないか。いかないのなら、もう生きない。それは同根のような気がするんです。

原発ができたとき「ついに太陽をとらえた」って言葉が新聞に躍り出た。古来、太陽は神様の表象です。それを捕らえたっていうのは、人間が世界を思いどおりにできる神様のような全能になるんだっていう象徴のように思えるんです。けど実際はそうはならない。「原発は絶対安全です」とか、「直ちに影響ありません」なんて言ってる後ろで、ライブカメラが原発の爆発映してるわけですから。一方で、「何をやってもダメだ」みたいな、全部が意味ないっていうのも極端です。

「経済のためには仕方がない」ってよく聞きます。「経済は私たちを豊かにしてくれるから」って。けど一方で「だから個々人のことはある程度仕方がないんだ」っていうの、なんだか変ですよね。そこで語られている経済って、まるで荒ぶる神みたいじゃないですか。僕らは何を恐れているんでしょうか。なんで「いじめゼロ件」なんて書くんですか。それが本当かどうかもよく分からないのに。別にゼロ件じゃなくてもいいじゃないですか。でも先生、学校はそれを認めることができなかった。たぶん僕なんかより大事なものがあったんでしょう。だけど僕は、そういうものがうまくいかないってことを、水俣も含めて色々なことが前から言ってたような気がするんです。人間が人間として扱われない社会って何なんだろう。人間より大事な政治、経済って一体何なんだろう。これ、なんか逆転してないですか。人のためにこそ学校や経済、政治があったんじゃないか。「私」という一人の人間がいない運動や政治は怖いですよね。

震災以降、水俣病のことをもう一度考えたのは最近で、SEALDsお薦めの本を選んだんですが、その中で、友だちが(水俣フォーラム元理事長の)栗原彬(くりはらあきら)さんの本(『存在の現れ」の政治――水俣病という思想』以文社、二〇〇五年)を挙げたんです。その中の一節をよく覚えているんです。「人が一人として認められる政治」を考えなきゃいけないって。そこで、『苦海浄土』から、六〇年安保闘争のときの水俣デモのシーンの引用があるんです。

安保反対の四〇〇〇人のデモ隊はチッソで働いている人が中心で、一方、漁民は「排水止めろ」って数百人でデモやっていて、それが鉢合わせになるシーンがある。そのとき安保反対のデモ隊が「漁民の人も我々のデモに合流してくれました」って言っていて「私たちも漁民のデモに参加しましょう」ではなかったんです。これを読んだとき「自分たちも気を付けなきゃいけない」って思ったんです。つまり、大規模なデモにするのは大事だけど、その中で何か見落としてないか、常に気を付けなきゃいけないって思った。四〇〇〇人のデモが水俣病を素通りしたように。

たまにイヤになるときもあるんです。僕らが絶叫してる部分ばかりテレビが映してるの見て「そりゃないよ」って。ＳＥＡＬＤｓは友だちも僕も、デモ自体がすごいイヤだったんです。さっきもヤンキーがイヤだって言ったけど、みんなで大きな声を出すとかコールするって体育会系っぽいじゃないですか。こんなこと僕が言うなよって感じでしょうけど。だけど一人の人間がいないデモって、正直、気持ち悪いんです。

だから、友だちの牛田(うしだ)(悦正(よしまさ))君っていうメガネかけたラッパーの子とデモをやるにあたって考えて、「個人個人、たまたまそこに集まって来ちゃっただけ」ってことにしました。主催してオーガナイズしてるけれど、来ている人たちは一人一人違うんだということを確認する。「大体、俺とお前が同じだったら気持ち悪いよな」って。「我々は団結し断固糾弾する」とかやめて、全部「私は」に切り替えよう。「我々は」っていうのは、そこにいる人たちにしか届かない。ある瞬間は「私たちは」って言い切らないといけないことも大事だけど、基本的には「私は」って言うことにしたんです。「私が私でありながら政治にどうやって参加できるか」っていうのがＳＥＡＬＤｓのコンセプトですから。

お互い学校とかでムカつくことがたくさんあると思うんです。社会のイヤな空気をたくさん吸ってる僕たちにとって、デモって最もイヤっぽいものなんです。でもそういう自分たちが言わなきゃいけない。政治的なことを言うってことは、もしかしたら誰かを傷つけてしまうかもしれない。つまり、イエスと言ってもノーと言っている人がいるわけですから摩擦が起きる。けど、人間と人間が生きていく社会で、それがない方が気持ち悪くないですか。同調圧力は気持ち悪いけど、何もしなくてもすでに意見が言えないこの社会自体が同調圧力の塊です。

どっちにしろ摩擦が起きるなら、それを自覚して引き受けながら、言うべきことを言わなきゃいけないんじゃないか。むしろその方が人間らしいと思います。だから、「私」を大事にしながらデモをやってみたんです。ＳＥＡＬＤｓのデモの後に、ママたちが「保育園落ちたの私だ」って抗議したことがあって、やっぱりここでも「私」が、分断ではなく人と人をつないでいました。傷ついてる個人が個人であるがゆえに共鳴していく。

まだ一〇〇パーセント納得いくものではないですし、そもそも誰のためなのか絶対見失ってはいけないってデモのたびに思います。あるとき牛田君が、デモの参加者に向かって「お前ら誰だか知らないけど最高だよ」って言ったんです。「いい言葉だな」って思いました。考えてみたら僕らは来ている人たちのこと、全然知らないんです。今日ここで話しているけど、来ている方が誰なのか、僕には分からない。もしかしたら会ったことある人いるかもしれないけど。

私とあなたは違います。けど、違う人たちが一緒に生きていくには考えないといけない。誰だか知らないけど、あなたがあなたであるように私が私である。そんな個人が、もし傷ついているのであれば、もしくは、個人が個人として扱われていない政治や経済状況、社会が広がっていくのであれば、私が私であるためにも声を上げなければいけないんじゃないか。そう思えたとき、やっと、この社会の当事者になれた気がしました。「ああ、自分はここにいていいんだ」という感覚になりました。だから僕は無差別殺人もしないし、自分の言葉で責任を持って話したいと思うんです。

そう思ったときに、もう一回、絶望の中にいた中学生の自分を考える。普通、やられたらやり返したいって思うじゃないですか。だけどそうしなかった。遡って小学生のとき『チッソは私であった』っていう本を読んで、うっすら覚えているのは、「(被害民は)やり返さなかった」ということ。そして「(胎児性が生まれても)子供を産み続けた」っていう話です。

なんでこんなに日本社会が、世界がひどくなっていくんだろう。戦争が終わらないし、原発事故が起こる。水俣でこれだけひどいことがあったのに何で繰り返してしまうのか。何で気が付かなかったのか。何で聴くべき声を聴けなかったのか。差し出すはずの手がなかったのか。見つめる目は、語るべき口は閉じていたのか。だけど、それを嘆いて「どうせダメだ」って塞ぎ込んだり死んでしまったり、やり返してしまうのではなく、今日この瞬間にも生まれてくる子を祝福したいと思うんです。そこからしか始まらない。生きることを肯定できないような世界はイヤです。今ある命を肯定できない思想はしんどい。今ある命を肯定するから、問題に立ち向かえるんだと思います。

福島原発が爆発したとき、同世代の友だちが子どもを産むかどうか真剣に悩むって言ってました。「もし影響が出たら」「これからの社会はどうなるの」って。確かに真剣に考えないといけないことだけど、どんな子であれ、生まれてくる子を祝福したいんです。確かに社会はお世辞にも良い社会ではないし、かなり終わってると思う。将来いじめられるかもしれないし、どんな状態で生まれてくるのかも分かりません。でも、それでも一人の人間としてそこにいるんだから。もちろん子どもを産まないっていう選択もあるし、「産んだ親の責任だ」みたいなイヤなこと言うヤツもいるけど、生まれてくる子は何であれ祝福してあげたい。今まで生きてきた不甲斐なさ、罪を背負って、精一杯祝福したい。それでも「生まれてきてよかった」と。

それは、中学生のとき、自分が生きていていいのか苦しかったとき、そう言ってほしかった……。そう言いたかった……。人間って一人で考えていると、そこにいるかどうか、よく分からないときがあるんです。目をつぶって眠っているとき「明日、目が覚めないかもしれない」って思うときがある。地震で「おっ」って起きたとき「次も目を開けて生きているかな」って思うんです。それでも「また明日」って言いたいし、朝起きたら「おはよう」って言う人がいてほしい。一人の人間として、あなたがあなたであるように、私が私でありたい。私たちは一人では生きていけないけど、それでも一人の人間として生きていくしかない……。

あの、鼻水垂らしてみっともないけど……。生きていたい……、生きていてよかったって思います。（拍手）

絶望に負けそうになるときもありますし、この社会を呪いたいことも、死んでしまいたいこともたくさんあります。でも、生まれてきた子、次の世代の子たちを見ると、もしくはこれまで生きてきた人たちの歴史を見ると、なんか「かなわないな」って思うんです。この人にはかなわないって。自分なんかの絶望が全然勝てない。絶望のど真ん中でもかなわない人を見つめて、希望に負けた方がいいじゃないですか。

今日はいつもと違う話をしてしまいました。ありがとうございました。

解説にかえて

実川悠太

本書と同時に出版した『水俣から』が、水俣病事件からの問いかけを明らかにしようと努めた先達の足跡を記したものであるとすれば、本書は、現代を生きる私たちにとって、その問いへの答えがどこにあるのか探ろうとするものである。

水俣フォーラムは東京・高田馬場の駅前に小さな事務所を構える認定NPO法人である。通常は、私と服部直明の常勤二人に加えて非常勤が一人、ボランティアが一人の四人前後が仕事に追われている。業務の大半は、誰もが参加できる水俣病事件についての展覧会・講演会・読書会・現地スタディツアーなどの準備と、これにともなう各種印刷物の製作である。前身の水俣・東京展実行委員会の三年間を含めて、活動開始から二四年が経過する。今でも患者支援団体や水俣出身者のサロンと勘違いする人もたまにいるが、決して不名誉なことではない。資産らしいものはないし、特定の企業や行政、政治団体、宗教団体のバックアップがあるわけでもない。かといって、個々の活動に収益性があるわけではない。それでも続けられてきたのは、全国に散らばる会員会友から送られる寄付のおかげだ。毎年二〇〇〇~三〇〇〇人の方から一〇〇〇万~一五〇〇万円にのぼるだろうか。年会費六〇〇〇円で会員になっていただいても、年刊の機関誌と年三、四回の各種催し案内が届き、書籍とDVDの貸し出しが可能になるだけで、これといって特典があるわけではない。この世知辛い世にあって、ありがたいことである。

それでも、会費や寄付をお送りいただけるのは、参加した催しに満足して下さったからだという。「水俣展」二五会場計三四五日、「水俣病記念講演会」一九回、「水俣病大学」二期六〇講義、「水俣セミナー」一一二回、「水俣病読書会」七シーズン八八回、「水俣病ライブラリー」書籍七八四冊・映像作品五一四本。その参加・利用者合計はのべ二〇万人を超しただろうか。その方々が他の催しなどにも参加しているうち、会員やボランティアとなって役員になる、そんな流れが定着している。

水俣フォーラムは路線闘争や派閥争いとは無縁だ。争いが起きないのは、たぶん誰も自分が〝中心〟だとは思っていないからに違いない。理事長職にある私も、法人としての運営に責任を負っているだけだ。〝中心〟は観念としての「水俣病患者」「人類の経験としての水俣病事件総体」と言えばいいだろうか。その水俣病認識は「水俣フォーラム設立趣意書」で表現している（公式サイトの「水俣フォーラムとは」参照）。

思うに、ここにつどう者はみな、現代の日本と社会、そして自分たち自身の姿を憂えている。そこにはいくつかの理由があるだろう。例えば、国家と社会の病いが、今日に至っても治癒しないばかりか、ますます重篤化しているようにしか見えない現実があることによる。それは、二〇一一年に起こった福島第一原発のメルトダウンとその後の国と加害企業、社会の反応を見れば明らかではないだろうか。不知火海や福島の住民に何の罪があるのか。どんな過失があったというのか。なぜ人々の痛みを癒そうとしないのか。なぜチッソや東京電力を庇護しなければならないのか。水俣病事件における歴史的な愚行を、福島で着実に履行しようとするような姿に、水俣を見てきた者は心を深く沈ませている。

日々の労働と消費に追われる世相の中で「絶望」の色が濃くなるとき、それでも虚無に落ち込まぬよう見まわすと、水俣は私たちを優しく招く。それは現代社会の特徴とも言うべき合理主義、功利主義、科学主義――それらの価値観にはもとづかない人間像、人と人との関わり方、自然観、生命観が、水俣病事件をめぐる被害民に見られるからである。それは石牟礼道子の作品に接すれば明らかだろう。それはもちろん、彼女だからあのように表現することが可能だったとも言えるが、すべてが創作というわけではない。水俣が実際にあのように在ったからこそ、あのように表現できた。逆に言えば、不知火海水俣病事件によって露わになった社会の基層に生きる民の世界が、石牟礼道子を生んだのである。「権利・義務」にもとづく代議制民主主義の限界と危険性を危惧して、まったく異質な何かによって、この暴走に歯止めをかけうるものはないのかと思案するとき、非近代的な民衆世界に存在した人間的なモラルは私たちに残された最後の遺産でさえあるかのようではないか。いうならば、水俣には現代社会で覆い隠された人間そのものが露出しているのである。

今を生きようとする私たちを「水俣」に向かわせるもう一つの理由は、罪の意識だ。チッソの技術は全人類が享受したとも言いうるものだった。水俣病の原因であるメチル水銀を流出させたのはアセトアルデヒド製造工程だったが、そこで得られた利益によって開発された製品の数々は現代の生活に欠かせない。ICを支える高純度シリコンも、今やあらゆる電子機器に使われている液晶も、人手不足の農業に欠かせなくなった緩効性肥料も、挙げればキリがない。私たちは水俣病の恩恵をこうむってしか生きていけない。一方で、まだまだ多くの被害民が補償さえ受けていない現実があるにもかかわらず。

このような認識が人々の献身を生んできた。だからこそ、水俣フォーラムは様々な催しを実現してきた。その一つが本書のもととなった「水俣病記念講演会」である。

初めて水俣病記念講演会を開催したのは「水俣病四〇年」の一九九六年、水俣病の公式確認の日である五月一日直前の祝日、四月二九日だった。当初は、この春に「水俣・東京展」を開催する予定だったが、準備の遅れから秋開催に変更して、記念講演会だけを先行して開催した。講師は石牟礼道子さんと原田正純さん、日高六郎さん、そして五人の若い水俣病患者。胎児性の患者がそろって一般の前で話をするのは、地元水俣以外では初めてのことだった。登壇した患者の一人、坂本しのぶさんを取材したことのある作家の澤地久枝さんが当日の司会を快諾して、原田さんとともに患者五人を囲んで話を引き出してくれた。その日の会場、東京の有楽町朝日ホールには席数の倍に迫ろうかという人々が押し寄せて、数百人にお帰りいただいたが、その方々が口々に満席を喜んでくれたのは忘れられない。この催しは、来場者にも助けられてきたのである。

実はこの日の半月ほど前、登壇予定だった胎児性患者の加賀田清子さんから「やっぱり行けない」という電話がきた。すぐ水俣へ行った私に彼女は「お父さんがだめって」と言う。お宅で彼女と二人、お父さんが畑から帰ってくるのを待って、その理由を尋ねると「心配だけん」と言う。原田先生が同行することを説明したが、顔を曇らせたまま、「胎児性とは言うとらんから」と言った。両親とも清子さん同様の認定患者である。しかし弟の妻とその親族には、彼女が胎児性であることは隠しているというのである。「見苦しかけん」と。彼女は何も悪くない。体が不自由なだけだ。悪いのは、見苦しいのはチッソだ。そして彼女の言葉に耳を貸さない世間ではないのか。感情を抑えながら、そんなことを言った。隣室で彼女も泣いていた。長い長い沈黙の後で、名前と顔写真を地元メディアには載せないことを条件に、しぶしぶの許しを得た。

この日のことを思い出して、彼女は壇上でも泣いた。通路にまで人があふれる会場は水を打ったように静まりかえり、やっと絞り出された言葉を聞き漏らすまいと耳を傾けた。すべての登壇者のすべての言葉に心がこもっていた。それが「水俣病記念講演会」の質を決めた。

日高六郎さんは、見田宗介(みたむねすけ)さんや栗原彬さんの東京大学における師というべき社会学者だが、社会に及ぼした影響は思想家としての仕事の方が大きかった。だからこそ早い時期から水俣病に注目していたのだろう。川本輝夫さんたち患者自主交渉派がチッソ東京本社前に座り込んでいた一九七一~七三年には、座り込みテントや、東京・水俣病を告発する会の西新橋の事務所で昼夜を分かたず立ち働いた若者たちが束の間の休息をとれるよう、鎌倉に持っていた小さな別宅を提供してくれた。

鶴見俊輔さんが生みの親の「べ平連」の運動と、石牟礼さんが生みの親の「告発」の運動は、ともに六〇年代後半から七〇年代前半までユニークさが並び称された。その鶴見さんは、自身が仲間と創刊した『思想の科学』に載った石牟礼さんの『苦海浄土』出版前の一部草稿や、友人の日高さんを通じて、早くから水俣病事件の本質を見据えていた。だからこそ本書収録の講演は、チッソによる近代化の矛盾の極点としての水俣病をとらえたうえで、明治以降の日本国家における近代化のゆがみを描き出している。

池澤夏樹さん個人編集の「世界文学全集」が石牟礼さんの『苦海浄土』を唯一の日本語作品として収載したことは、石牟礼再評価を一般にも広げた。池澤さんは講演の中で、『苦海浄土』に啓発されて「幸福」について語っている。患者たちの「不幸」が、チッソとの交渉や同書の中で際立つのは、失った「幸福」が表現されるときであり、そのような質の「幸福」を、私たちは、近代的な都市生活によって失っている。そのことを同書が私たちに気付かせるのは、石牟礼さんが「水俣病を」でなく、「人間を」描いたからであり、だからこそ池澤さんはそこにふれている。

井上ひさしさんが水俣病公式確認の頃から新聞切り抜きをしていたことは、この講演で初めて明らかになったが、石牟礼さんとは、彼女が川本輝夫さんたちの自主交渉に同行して、たびたび上京していた頃をはじめ、雑誌や講演会で何度か対談している。農政に詳しい井上さんは本書収録の講演で、水銀を含むチッソの排水を行政が規制しなかったことの遠因に当時のコメ農政があったのではないかと指摘しているが、これまでになされたことのなかったもので、本格的研究をするに値するテーマだろう。

網野善彦さんの『日本社会の歴史』全三巻は、日本列島の地理的歴史的イメージを一新したと言えるだろう。この見地から水俣病事件の結節点を眺めたときに浮上するもの、それはあれほどの規模に及んだ水俣病被害漁民による一九五九年晩秋の悲壮な実力行使、いわゆる「不知火海漁民暴動」に対して、まったく冷酷無比に対処した統治者の心性の、遠い淵源とでも言うべきものでもあった。付言すれば、この「暴動」に参加して刑事罰を受けた全員が後に発病しているという。

柳田邦男さんの責任編集で一九九二年に刊行された「同時代ノンフィクション選集」は、原田正純さんの『水俣病は終っていない』を収載していたが、九六年の「水俣・東京展」で原田さんと対談して、水俣病への関心を加速させる。二〇〇四年に関西訴訟の最高裁判決で国の加害責任が確定したために当時の小池百合子環境大臣が設けた「水俣病問題に係る懇談会」の委員を引き受けて水俣病行政と直接接触する。その懇談会終了後、「省庁の委員を何度かやったが、こんなにひどいことはなかった」と漏らしたときの表情が忘れられない。

高橋源一郎さんも石牟礼さんの作品と発言への考察をもとに話し始め、水俣に電気をもたらしたのがチッソであったことを紹介している。電気は、それが近代の社会生活と産業に欠かせないものであればこそ、水俣、福島、そして私たちの実像を浮かび上がらせる。水俣ではチッソの恩恵に遠かった漁民からまず水俣病に倒れた。そしてチッソは電気につづいて鉄道、天皇をも水俣に招来する。福島には何が来て何が病み始めていたのか。高橋さんのお話は、三・一一以前の私たちが福島にあまりにも無関心であったことを気付かせる。

中村桂子さんの唱える「生命誌」はまだ一般にはなじみが少ないだろう。中村さんは、産業素材としての生きものではなく、生きものそのもの、その総体のありようを見つめようと努める今どき珍しい科学者である。そこにたどり着くまでの道筋はまったく異なるものの、着地点の近さから石牟礼さんや緒方正人さんと懇意になったのは必然だった。しかしその親交は、科学を立脚点とする中村さんにとって「水俣を繰り返さない科学は可能か」という難問を常に思い起こさせるという。

若松英輔さんを紹介してくれたのも石牟礼さんだった。大学から離れて新しい言葉を生み出しつづける若松さんは、まず一来場者として、水俣・福岡展と水俣病記念講演会に東京から足を運んでくれた。ＮＨＫ　Ｅテレの人気番組「一〇〇分de名著」の解説者として『苦海浄土』を語ったが、それは一般視聴者にとって、この作品が単なる「公害告発の書」ではないことを気付かせたのみならず、水俣病事件が裁判や認定問題に終始するものではないことを印象付けるものだった。

奥田愛基さんは、前例を思い出せないほど久しぶりに街頭から生まれた社会運動の若いリーダーだが、あれだけもてはやされたのに「普通の人の感覚」を維持している。でありながら、現代社会と水俣病事件の接点を語りうる蓄積を持っている。本書収録の講演で、自身の過去を晒しながら「接点」を語ったのは感動的でさえあった。「水俣」はこのようにして、新しい世代の新しい才能に受け継がれていく。

石牟礼道子さんには、四十数年にわたっていつも大切なことばかり教えていただいた。石牟礼さんがいなければ、これだけ魅力的な人々が水俣病事件に関わることはなかった。それは、本書で紹介していない写真や絵画、音楽、演劇も含めて、これほど質の高い多様な表現が生まれることもなかったということであり、そういった表現の集合体とも言うべき水俣展など私たちが考えうる余地はなかっただろう。つまり、石牟礼さんがいなければ水俣フォーラムはなかった。

本書で初めて原稿化した講演のテープ起こしは、水俣フォーラムの会員、ボランティアである石塚美代子、内田義久、大津円、貞重太郎、鈴木清彦の、また事実確認に用いる記事の検索は吉家あかねの手による。非常勤職員の和田鈴子と木村奈緒には、デジタル不能者の私は頭が上がらない。いずれも記して感謝する。このようにして少しずつ編まれる言葉によって、私たちは、中澤安奈さんによる表紙作品のような〝新しき〟衣をまとうことを志す。

読者も含めて、私たちは「水俣」によって、幸いなつながりを得ることができた。数々の縁(えにし)を振り返り、思う。その総計が「水俣」の不幸の総計を超え、社会に新しい知性と倫理をもたらすことを願いつつ。

初出一覧

石牟礼道子「花を奉る」
………水俣・白河展記念講演会（ホテルサンルート白河（福島）、二〇一一年一一月一三日、テーマ「水俣病から福島原発事故を考える」）の冒頭で司会の竹下景子氏が朗読。その後『水俣フォーラムNEWS』第三六号（二〇一二年三月）に掲載。この詩の初出は『青蘭寺覚書――真宗寺御遠忌控』（無量山真宗寺、一九八四年）の敬白文。その際の題は「花を奉るの辞」で、一部文言が異なる。

日高六郎「水俣――南北問題と環境問題の交わるところ」
………水俣病四〇年記念講演会（有楽町朝日ホール、一九九六年四月二九日、テーマ「水俣の事実は現代日本に何を語るのか」）講演。講演時は無題。

鶴見俊輔「近代日本――水俣病への道」
………第三回水俣病記念講演会（有楽町朝日ホール、二〇〇一年四月二一日、テーマ「この日本に生まれて」）講演。演題は「戦後の日本――水俣の位置」。その後『水俣フォーラムNEWS』第一五・一六合併号（二〇〇一年一二月）に掲載。

池澤夏樹「水俣病と幸福の定義」
………第一三回水俣病記念講演会（JR九州ホール（福岡）、二〇一三年四月二一日、テーマ「花を奉る」）講演。

井上ひさし「コメと水俣病――戦後日本農政の影」
………第九回水俣病記念講演会（有楽町朝日ホール、二〇〇八年四月二九日、テーマ「目を開き、耳をすまして」）講演。演題は「これからの日本――水俣の意味」。

網野善彦「軽視され続けた海の民――日本社会史から」
………第一回水俣病記念講演会（有楽町朝日ホール、一九九九年四月二九日、テーマ「私たちは何を失ったのか、どこへ行くのか」）講演。演題は「海の復権――日本社会再考」。

柳田邦男「水俣病が求めること――二・五人称の想像力」
………第二回水俣病記念講演会（有楽町朝日ホール、二〇〇〇年四月二九日、テーマ「水俣病と現代社会の加害と被害を考える」）講演。演題は「「豊かさ」という現代人の病の中で」。その後『緊急発言 いのちへI 脳死・メディア・少年事件・水俣』（講談社、二〇〇〇年）に改稿のうえ収録された。本書では講演時の音声に基づき新たに整理し直し収録した。

高橋源一郎「三・一一と水俣病」
………第一二回水俣病記念講演会（有楽町朝日ホール、二〇一二年五月六日、テーマ「人間存在の極限に」）講演。

中村桂子「水俣から学び生きものを愛づる生命誌へ」
………水俣病公式確認六〇年記念特別講演会（東京大学安田講堂、二〇一六年五月四日、テーマ「地の低きところを這う虫に逢えるなり」）講演。演題は「水俣――学び続けるとても難しい課題」。

若松英輔「語らざるものたちの遺言――石牟礼道子と水俣病の叡智」
………水俣病公式確認六〇年記念特別講演会（東京大学安田講堂、二〇一六年五月四日、テーマ「地の低きところを這う虫に逢えるなり」）講演。演題は「語らざるものの遺言――石牟礼道子と水俣病の叡智」。

奥田愛基「呪いたい社会でも命を祝福したいから」
………水俣病公式確認六〇年記念特別講演会（東京大学安田講堂、二〇一六年五月五日、テーマ「われもまた人げんのいちにんなりしや」）講演。演題は「希望に負けました」。その後『水俣フォーラムNEWS』第三九号（二〇一六年一一月）に掲載。

柳田邦男(やなぎだ くにお)
ノンフィクション作家．1936年栃木県に生まれる．災害・公害・事故，医療など現代の「いのちの危機」をテーマに執筆活動を続ける．72年『マッハの恐怖』で大宅壮一ノンフィクション賞．95年『犠牲(サクリファイス)――わが息子・脳死の11日』で菊池寛賞．96年「水俣・東京展」で講演．2005年環境省水俣病問題に係る懇談会委員．11～12年政府の原発事故調査・検証委員会委員長代理．

高橋源一郎(たかはし げんいちろう)
作家．1951年広島県に生まれる．横浜国立大学在学中，全共闘運動に加わり逮捕，その後除籍．81年『さようなら，ギャングたち』を発表．2002年『日本文学盛衰史』で伊藤整文学賞．12年『さよならクリストファー・ロビン』で谷崎潤一郎賞．05年より明治学院大学教授．11年『恋する原発』で石牟礼道子と水俣病について考察．著書多数．

中村桂子(なかむら けいこ)
理学博士．1936年東京都に生まれる．64年東京大学大学院修了後，三菱化成生命科学研究所の人間自然研究部長，早稲田大学人間科学部教授，大阪大学連携大学院教授など歴任．「生命誌」概念を提唱して，93年「JT生命誌研究館」を創設，2002年より館長．06年水俣病50年の地元催しで講演．『科学者が人間であること』など著書多数．

若松英輔(わかまつ えいすけ)
批評家．1968年新潟県に生まれる．慶應義塾大学文学部卒業．2007年評論「越知保夫とその時代――求道の文学」で三田文学新人賞．18年詩集『見えない涙』で詩歌文学館賞を受賞．井筒俊彦論や死者論などで近代日本精神史を再考．14年水俣セミナーで講演．『魂にふれる　大震災と，生きている死者』『悲しみの秘儀』など著書多数．

奥田愛基(おくだ あき)
SEALDs(自由と民主主義のための学生緊急行動)創設メンバー．1992年福岡県に生まれる．2014年明治学院大学在学中に特定秘密保護法反対の運動を始め，15年SEALDsによる安保法反対の国会前デモには毎週多くの市民が参加．参議院で公述人を務める．市民のためのシンクタンクReDEMOSを設立．著書に『変える』など．

実川悠太(じつかわ ゆうた)
水俣フォーラム代表．1954年東京都に生まれる．72年より水俣病患者の支援運動に参加．制作プロダクション勤務をへてフリーランスで書籍編集．83年より水俣病関連訴訟の弁護団事務局．89年「水俣病歴史考証館」の展示制作スタッフ．94年に「水俣・東京展」の開催を呼びかけ同実行委員会事務局長．96年開催の翌年改組改称し2001年法人化．15年理事長となる．

著者紹介

石牟礼道子(いしむれ みちこ)
作家. 1927年熊本県天草郡で生まれ, 生後, 水俣市へ移る. 69年『苦海浄土』を発表. 以来, 水俣病患者と深く関わりつづけ, その苦しみと祈りを描破. 同時に, 近代的思考に拘束されない生活民の豊かな精神世界を表現. 2002年発表の新作能『不知火』も再三上演される. 『石牟礼道子全集・不知火』(全17巻・別巻1)が14年に完結. 18年逝去.

日高六郎(ひだか ろくろう)
社会学者・思想家. 1917年中国の青島に生まれる. 東大紛争に際し, 69年同大教授を辞職. 71年雑誌『市民』を創刊. 72年より石牟礼道子らとともに「水俣病センター相思社」の設立に尽力. 「国民文化会議」代表もつとめた. 『戦後思想を考える』『1960年5月19日』ほか編著書多数. 訳書にエーリッヒ・フロム『自由からの逃走』など.

鶴見俊輔(つるみ しゅんすけ)
哲学者・評論家. 1922年東京都に生まれる. ハーバード大学で哲学を学び戦中帰国. 戦後, 丸山眞男, 武谷三男らと雑誌『思想の科学』を創刊して論壇に登場. 京都大学, 同志社大学で教鞭をとる. 65年小田実らと「ベ平連」結成. 72年より患者支援の呼びかけに参加. 『限界芸術論』『戦時期日本の精神史——1931～1945年』など著書多数. 2015年逝去.

池澤夏樹(いけざわ なつき)
作家. 1945年北海道に生まれる. 68年埼玉大学を中退し, 翻訳業. 84年小説家デビュー. 88年『スティル・ライフ』で芥川賞. 96年「水俣・東京展」で講演. 2000年芸術選奨文部科学大臣賞. 07年より刊行の個人編集による「世界文学全集」(全30巻)で日本語作品として『苦海浄土』を唯一収載. 『マシアス・ギリの失脚』など著書多数.

井上ひさし(いのうえ ひさし)
作家. 1934年山形県に生まれる. 上智大学在学中から浅草のストリップ劇場で文芸部兼進行係. 放送作家となりNHK連続人形劇『ひょっこりひょうたん島』の台本を共作. 72年『手鎖心中』で直木賞受賞. 同年より患者支援の呼びかけに参加. 84年「こまつ座」旗揚げ. 『ブンとフン』『吉里吉里人』など著書多数. 2004年「九条の会」呼びかけ人. 10年逝去.

網野善彦(あみの よしひこ)
歴史学者. 1928年山梨県に生まれる. 日本常民文化研究所で中世民族資料・海民資料の詳細な分析により, 通説となっていた「海によって閉ざされた島国」論を打破し, 「海によって開かれた多様な列島」の視点を確立. 神奈川大学教授. 『無縁・公界・楽——日本中世の自由と平和』『日本社会の歴史』(上中下)など著書多数. 2004年逝去.

水俣フォーラム
水俣病事件について社会教育活動を展開する，東京都新宿区所在の認定NPO法人．会員900人，会友1万5000人．理事長実川悠太．前身は1994年発足の「水俣・東京展実行委員会」．全国各地の自治体や新聞社，大学や生活協同組合，宗教団体や環境団体と協力して，「水俣展」や「水俣病記念講演会」，セミナーやスタディーツアーの開催を続ける．近年の刊行物に『水俣病大学 第2期テキスト』(2014年)，『水俣病図書目録』(2017年)，編書に栗原彬編『証言 水俣病』(2000年)，塩田武史『僕が写した愛しい水俣』(2008年)など．

水俣へ 受け継いで語る

2018年4月12日 第1刷発行

編 者 水俣(みなまた)フォーラム

発行者 岡本 厚

発行所 株式会社 岩波書店
〒101-8002 東京都千代田区一ツ橋2-5-5
電話案内 03-5210-4000
http://www.iwanami.co.jp/

印刷・三陽社 カバー・半七印刷 製本・松岳社

ISBN978-4-00-024887-7 Printed in Japan